U0456010

幸福的女人
不抱怨

凡志喜

编／著

中国华侨出版社

图书在版编目(CIP)数据

幸福的女人不抱怨 / 凡志喜编著.—北京:中国
华侨出版社,2011.6(2015.7 重印)

ISBN 978-7-5113-1134-4-01

Ⅰ.①幸… Ⅱ.①凡… Ⅲ.①幸福–女性读物
Ⅳ.①B82–49

中国版本图书馆 CIP 数据核字(2011)第 080531 号

幸福的女人不抱怨

编　　著 / 凡志喜

责任编辑 / 李　晨

责任校对 / 查显春

经　　销 / 新华书店

开　　本 / 787×1092 毫米　1/16 开　印张/17　字数/273 千字

印　　刷 / 北京建泰印刷有限公司

版　　次 / 2011 年 6 月第 1 版　2015 年 7 月第 2 次印刷

书　　号 / ISBN 978-7-5113-1134-4-01

定　　价 / 30.80 元

中国华侨出版社　北京市朝阳区静安里 26 号通成达大厦 3 层　邮编:100028

法律顾问:陈鹰律师事务所

编辑部 : (010)64443056　　64443979

发行部 : (010)64443051　　传真 : (010)64439708

网址 : www.oveaschin.com

E-mail : oveaschin@sina.com

前言

女人，是最美的花朵之一，是这个世界上一道靓丽的风景线。女人的一生究竟该怎么样度过，这一路走来，你又将遇到什么，收获什么？

上天将追求幸福的权利和自由平等地赋予每个女人，但每个人所得的结果并不相同。于是，一些并不满意于自己目前生活的女人，心中就充满了一种怨气。她们会抱怨自己没有美丽的容貌，抱怨自己没机会接受更好的教育，抱怨没遇到好男人，抱怨社会不公平、工作不顺利……

抱怨作为一种发泄情绪的方式，只能让你得到暂时的疏解，或者仅仅图一时口快，但过后所有的问题并不会因为你的抱怨就迎刃而解，所有的苦恼也不会在抱怨面前瞬间消失无踪。

对于习惯抱怨的人来说，一不如意，出现在潜意识里的第一个想法就是抱怨。他们之所以喜欢抱怨，是源于内心的空虚。当他面临困境时，没有勇气面对考验，所以总会找借口逃避，抱怨命运的不平，推卸"人为"的责任。恐惧的内心让人终日抱怨，而整日的抱怨让人意志消沉，变得更加软弱。

抱怨无异于一种劣质的化妆品，在慢慢侵害着女人的肌肤，变美的渴望会在日复一日的涂抹中适得其反。女人是温柔的，面对现代社会的竞争，很多时候也是脆弱的，在各种无形或有形的压力面前，也会变得浮躁、烦闷甚至抓狂，但是情绪的宣泄有很多种方法和途径，唯有喋喋不休的抱怨是最致命的毒药。

所有的悲观厌世、牢骚满腹的表现，都统统应该摒弃。一味地怨天尤人只会让情况变得更加糟糕，让你与幸福越来越远。

"牢骚太盛防肠断,风物长宜放眼量。"每个人,都会遇到不顺心的事情,但这并不能影响你向幸福靠拢。人在世上,挫折失败不可避免,抱怨只会磨灭你的斗志,在困境面前,只有勇敢地去面对,坚强地迎接挑战,才能创造绚丽多彩的人生。如果你拥有一颗自信淡定的心,在困难面前就能从容自若,展示出女性特有的坚韧和美丽。

抱怨,无非是在向别人展示你的苦难和无能,你这种笨拙的表演,只会平添更多的哀愁和无能为力。看看那些不断抱怨家庭、抱怨命运的女人,有多少能够真正地走出悲惨的境遇?

不再去计较得失,拥有的可能也会随时失去,一路颠簸而来,不知道会在哪一站停留,当你回头看身后的风景,总会有另一番感叹。不管曾经哭过、笑过、拥有过、失去过,当往事已成风在空气中飘散,我们所能做的就是要一路欣赏。

不管你来自于社会的哪个阶层,不管你是受人瞩目的公主,还是默默无闻的灰姑娘,也不管你所从事的是什么职业,停止无谓的抱怨,微笑着面对生活,不在妄自菲薄中自暴自弃,也不在怨天尤人中消沉萎靡,更不为恍惚的未来、不确定的现状而纠缠不已,将你的注意力集中到一项必须要做的事情上来。

失去的已然失去,未得到的还可以争取,灾难和不幸都是人生的一种历练,不要一味地跟种种不完美较劲,即便是在破损的花盆中,也可以栽出美丽的花,每个女人都是一朵花,每朵花都有盛开的理由。

每一位女性都可以成为美女,只要你能按照美女的模式打造自己;每一位女性都可以拥有让人羡慕的幸福,只要你坚持按照幸福的法则生活。人生其实也是一个挖掘的过程,不论发生什么,最重要的就是乐在其中,并有能力找到那眼幸福的源泉。明白了这些,幸福就会在你生命的每一刻流淌,在你停止抱怨的瞬间润湿所有时间和空间的距离。

终有一天,你会发现,美丽的容貌和优越的出身代表不了什么,充实、坚强、欢乐、幸福的自我,心灵的完美、生命的升华才弥足珍贵。

生命是一段旅程,幸福就是一种习惯。

目录

第1章　不抱怨命运不公，

宣泄失意不如学会调整自己的心态

不慎摔了跟头，你会怪罪道路不平吗？只有愚笨的女人会拿抱怨做挡箭牌，将自己狠狠地丢在无能为力的悲惨位置。挫折和失意在所难免，而所有的抱怨只不过是粉饰自己的借口。遇到不开心，刻意的宣泄只会徒增烦恼，然而一种合理的调节机制、一颗淡定的心就像一把适时而动的伞，随着天气的阴晴开合，调节着你的生活，加深你对幸福的感悟。

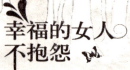

第2章　不纠结外形不够惊艳，

普通姿色同样能绽放上乘魅力

没有令人惊艳的容貌，怕什么！没有魔鬼般的身材，又怕什么！上帝给了女人不同的容貌，但是仪态气质要你自己去塑造。大方得体的态度，成熟坚韧的性格，也能为你赢得较高的回头率，提升你的生活品质。懂得自我经营，即使姿色平常的女人，也能拥有独特的魅力。

第3章　不埋怨社会太冷漠，
热情和善意来自人与人之间的良性互动

或许你真诚的付出，换来的却是别人的误解和不屑，但这并不是你怀疑真善美的理由。人与人之间，可远，也可近。关键看你怎样去对待。有修养的女人拥有一颗博大的心，可以包容错误，可以承载伤害，她会尽自己的一份心冲淡冷漠，调动起更多人的热情，营造出美好的氛围。

幸福的女人不抱怨

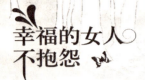

第4章 不抱怨付出太多,

回馈也许在未来而不是现在

不要抱怨你的付出没有带来相应的回报,无论你付出的是感情、是努力、还是具体的物质,追求立竿见影的回馈都是不现实的。主动给予,是一种明智的、积极的交注方式,在这种交注方式中,由"吃亏"所带来的"福",其价值远远超过了所吃的亏。我们的付出会形成一种社会存储而不会消失,回馈在未来而不在现在。

第5章 不抱怨男人太自我,

职场竞争不存在"Lady first"

和绅士在一起,永远能享受女士优先的待遇,但是女人要明白一点,职场上大家都是平等的。不抱怨男人的强势,不抱怨职场竞争的激烈,女人像个女人一样去生活,才能看到自身的优势;像个男人那样去战斗,才能为自己赢得真正的财富。

第6章　不抱怨薪酬太少,

等青苹果变成金苹果时再谈价钱

"幸福的女人不抱怨

对很多人来讲,工作是安身立命的根本,对女人而言,工作更是体现自身价值的有效途径。也许初入职场的你,拿着微薄的收入,干着繁杂的工作,心里会不禁升腾起一种不平。但是,别忘了,你当前所从事的看似微不足道的工作,正是你必须要跨过的一道门槛。认真努力踏实地对待每天的工作,当青涩的新人变成独当一面的人才时,何愁没有配得上你的待遇?

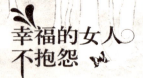

第7章 不抱怨活得太累，
把心思用在排忧减负的方法上

社会纷繁复杂，谁都会有感觉压力陡增，身心疲惫的时候。眼睛盯着枯燥乏味的生活，脑海里也想象不出什么美好的情景。与其不断抱怨，不如充分调动起自身的能力，将那些烦人的障碍一个个放倒在自己的双手之下，让生活变得更为轻松和惬意。减压，靠的是智慧和方法，抱怨只能使你活得更累。

第8章 不抱怨情爱太乏味，

越是不敢投入，真情离你越远

爱，是一种体验。在女人的世界里，爱可以五彩斑斓，也可以平淡无奇。有许多女人，一面抱怨自己的爱情乏善可陈，一面又因为太重得失或者太怕伤害而不敢去爱，其实，幸福的定义不是完美而是充实，心中有爱的时候，顾虑不要太多，无论怎样，让自己酣畅淋漓地真爱一场，不要让生命空留遗憾。

幸福的女人不抱怨

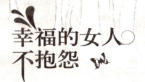

第9章　不哀怨男女关系太伤人，

先让自己的浪漫幻想回归现实

在感情的世界里，不是只有美好，也有伤痛有阴影。对爱渴求的女性，总是抱着一种对爱的美好幻想，旁人对此本无可非议，但是，不能被爱冲昏了头脑，男女之间的相处，更需要智慧，当女人对人性的了解达到了一定的层次，才有能力消化感情生活中的纷争和烦恼。

第10章　不怨悔钓鱼者太阴险，

暗中练就见微知著的眼力

一段美好的恋情或者姻缘会让女人更加幸福，爱情上的失误也会让女人的生活失色。这不是命运的惩罚，"可怜之人，必有可恨之处"。当女人抱怨有人欺骗了你、伤害了你的时候，要知道，你的错误不是义无反顾地去爱了，而是爱了不该爱的人。幸福的女人，需要有一双见微知著的眼睛，真挚和虚伪会在这样的女子面前顿时变得清澈可见。

第11章　不抱怨生活没有安全感，

让畏惧转化为使自己更强大的动力

女人温柔，但不能软弱，纵然遭遇不幸，也能坚强地面对一切。要幸福地生活，就要靠自己的双手去努力争取。有一份属于自己的事业，保持经济的独立，才不会受他人摆布。

幸福的女人不抱怨

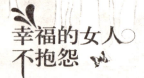

第 *12* 章 不帐怨财务太紧张，
让持家理财的乐趣化解灰色情绪

在有限的时间里，做更多的事情，是一种能力。同样，用最少的金钱获得最大的满足，也是一种能力。每个女人都应该有精打细算的头脑，又要懂得持家理财的技巧。从自己的现实出发，找到一条最适合自己的幸福之路。

第 *13* 章 不怨怼倒霉比幸运多，
看小问题要以大世界为参照系

在人生之路上，女人柔弱的肩膀更容易被袭来的暴风雨击倒，愤恨、斯吼都无济于事。"只有自己才能救自己"，这是真理。不可否认，自救者方能多福。整理一下行囊，怀一颗感恩的心，揣着阳光的微笑，就能走出阴霾，看到最美的花朵。

第14章　不抱怨幸福遥不可及,

静下心来感受幸福的实质

　　身在福中不知福,这是很多女人的通病。只要用心观察和体会,幸福就不会是飘忽不定的云朵,令人可望不可及。拥有一颗幸福的心,是一个女人幸福的前提,否则,纵有千万资产,纵然事事完美,也嗅不到幸福的味道。知福、惜福,才是女人幸福的实质。

第 1 章

不抱怨命运不公，
宣泄失意不如学会调整自己的心态

　　不慎摔了跟头，你会怪罪道路不平吗?只有愚笨的女人会拿抱怨做挡箭牌，将自己狠狠地丢在无能为力的悲惨位置。挫折和失意在所难免，而所有的抱怨只不过是粉饰自己的借口。遇到不开心，刻意的宣泄只会徒增烦恼，然而一种合理的调节机制、一颗淡定的心就像一把适时而动的伞，随着天气的阴晴开合，调节着你的生活，加深你对幸福的感悟。

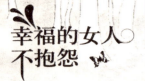

无论什么样的境遇，
都是可以利用的资源

一个女人出身于什么样的家庭，以一个什么样的形象面对这个世界，将要在什么样的条件下开始自己的童年生活，这一切，都是上帝送给她的最初的身份。人生的第一次定位，包含着许多我们无法掌控的因素，而你的最终命运如何，则要靠你后天的努力。

好的出身，只能说是女人获得幸福的良好起点，而不是决定性因素。在现实中，历来都有沦落街头、任人欺凌的千金小姐，也不缺乏飞上枝头变凤凰的贫家女。有一个很有趣的小实验，生动而准确地表明了出身与命运之间的关系。

在一个夏令营里，组织者给了全体营员一个新奇的概念：三餐吃饭要分成三个等级，上等人只有很少数，中等人占全体营员的三分之一，其余多数人是下等人。上等人吃饭是在豪华漂亮的餐厅，那里有高档的设施和美味的菜肴，用刀叉吃西餐。在那里用餐的人都不由自主地显得彬彬有礼，男生像绅士，女生像淑女，言谈举止无不透出良好的修养和不俗的品位。中等人呢，却要拿着托盘自己排队去打饭，属于快餐性质。没有汤喝，只能喝瓶装水，更不要说饭后甜品了。饭后还需要他们清洗自己的托盘餐具。下等人就更惨了点，大家开始吃饭的时候，他们中的一部分要先侍候上等人，另一部分在餐厅里当服务员，随时把脏了的桌椅抹干净，以保持餐厅的卫生。还有一部分人是给就餐者表演节目，上等人点了什么歌他们就得唱什么歌。

那么三等人是怎样产生的呢？营会组织者先把全体营员分成了 9 个小组，第一天每个小组选派一个代表抽签。笔筒中有一根上等签，两根中等签，其余全是下等签。抽到上等签和中等签的小组，第一天就自然成了上等人和中等人。但是以后就要凭借每个小组当天的表现来决定第二天的身份待遇。每天晚上大家都要开会讨论决定第二天的三类人。想当上等人的小组必须拿出当天他们的成绩和表现作为有力的证据，说明自己配得上上等人。

营会指导员解释说：第一天凭抽签决定，这意味着每个人的出身都是由不得自己的。但是第一身份远远不是你的终生身份，以后的路还很长，就靠你自己走了。你得凭你自己的能力打天下，改变或者优化你的身份。这时你的社会地位、你的角色改变就是自己基本能够把握的事情了。

在真实的社会中，女性生来性格柔弱，对抗意识不足。对于自己所遭受的磨难，在一开始的时候她们可能怨天尤人，把自己当成上帝的弃儿，慢慢的，她们会在抱怨中变得无力自救，此时已经很难突破身份的局限。

也许有很多独立的职业女性对这种说法并不认可，但这不表明她们心底里就没有关于命运的局限。比如有一个贫苦的农妇，对于城市大商场里那些叫得上名字和叫不上名字的日用品，表示"那些东西，不是我这样一个苦命的女人可以享用的"。城市的女性就会想："那是很普通的东西啊，做一份平常的工作，拿不多的一份的薪水，就完全可以消费得起。"那么，再想一下，那些更高的职位，更多的薪水，更大的房子，更漂亮的衣饰，又是为谁准备的呢？你是不是认为自己能力的发挥已经到了尽头，世上许多的好东西都与自己无缘呢？

对于前途的憧憬、命运的选择，往往就是由于我们的这种畏怯心理，无法得到最好的发挥，成了女人幸福的障碍。而事实上，对于一心向上的女子，命运的绳子是不可能把她束缚起来的。

人间有很多不美好的东西，能接下来、撑下去才是本事，若总是把辛酸痛苦之态挂在脸上，把感慨悲叹挂在嘴上，也许能换来一些廉价的同情，对于我们的前途终归于事无补。

女人出身于一个贫寒困窘的环境中不可怕，可怕的是我们习惯了这种生活状态，慢慢失去了改变自己人生的动力。女人应该勇于追求更好的职业、更好的待遇、更平等的关系。"当你伸手去摘星星的时候，也许一颗也摘不到，但至少你不会抓一手泥。"

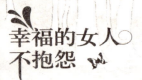

努力拉近差距，
抱怨引发的双重烦恼

人在世上，不可能一帆风顺，有风和日丽的灿烂，也有激流险滩的困境。适度的挫折、苦恼、困惑以及不愉快能促进你成熟、成长。而抱怨作为人们发泄情绪的一种方式，的确可以起到疏导的作用。但是，有时候，过度的抱怨不但解决不了任何问题，反而会徒增许多烦恼。美国一位心理学家经过悉心研究，得出了这样一个结论，当成为被抱怨的对象时，人们通常会作出一些过激的反应。在你抱怨的过程中，你抱怨的对象和由抱怨而产生的一种更强烈的痛苦就形成了双重烦恼。

要想消除抱怨，就要弄清楚抱怨产生的根源。对于女人来讲，习惯将自己的生活和别人比较，当前的生活状态能够满足她现有的虚荣心的时候，就会有种抑制不住的得意，反之，则会抱怨连连。人人都喜欢自己能走向更高的山峰，收获更大的成就，那么当发现这种抱怨是因为和别人的差距带来的时候，唯一有效的做法就是努力缩小差距，烦恼也会随之消失。

在一场世界级比赛上，中国花游队教练张晓欢走出赛场的时候，眼睛里闪着泪光，是因为激动和幸福，虽然很多人为中国队叫屈，但是张晓欢的回答却非常淡然："真的不觉得委屈，我们需要正确面对这个问题，超越需要时间，不能一口吃个胖子，想要通过一次比赛就登上最高领奖台，这不太可能。

在预赛和决赛的时候，中国队两次以 1.1 分的差距输给了俄罗斯，但张晓欢一行的教练组却非常满意队员们的表现，虽然没有最好，但是看到队员们的状态、队形等等都证明了一切的努力没有白费。

众所周知,中国队以及西班牙、日本和加拿大都与俄罗斯有一定差距,要想超越不是一天两天的事。张晓欢说:"俄罗斯13年保持霸主地位没有下来,她们不仅有一套好的编排理念,而且训练得非常苦,在技术上有很多特点,比如动作的快速变化、队形的准确性、编排的新颖、动作的速度、动作的质量以及托举难度,这是她们称霸这么多年的关键。我们一直把俄罗斯视为偶像,但我们一定会努力追赶,希望有一天超越她们。只有不断努力,将来裁判们才会竖着大拇指说中国队是最棒的,中国是NO.1。我们很有信心。"

相反,如果张晓欢因为队员们没有拿到最好的成绩而抱怨自己抱怨大家,那么结果只会失去更多,但是,她和队员们都清楚自己和别人的差距,她们用汗水和努力一步一步缩短着这其间的距离,一步一步地往更高的层次迈进,相信终有一天,可以骄傲地站在最高点。

其实,抱怨在生活中无处不在,有人会因为在去考场的路上为了匆忙赶路而不慎摔了一跤而抱怨自己倒霉,于是越想越生气,越抱怨自己倒霉就越倒霉,结果就很可能因此影响心情而严重影响了发挥,甚至是误了考试。有的人可能因为自己没有漂亮的容颜而抱怨不堪甚至有了严重的自卑心理……人生来是平等的,但是人与人又各不相同,有着这样那样的差距或者不足,坚强的女人可以笑着面对生活中的一切,坦然接受挫折和困难,然后用百倍的努力去弥补这种不足,她绝不允许抱怨来吞噬自己快乐的情绪。

琳琳是来自南方偏僻大山里的一个女孩,她的家乡秀美却贫穷,她带着梦想和期待走出大山,走进向往的大学校园。学校所在的城市比她想象中还要美丽和繁华,但是短暂的惊喜和欢快之余,取而代之的是深深的焦虑和忧愁,因为她搭乘列车的钱也是父母四处借来的,即便是助学贷款可以解决她的学费,但是别的一切呢?

大学生活很快步入正轨,看着别人每月从卡里取来爸妈定期打进去的生活费,看着别人挥霍着时间和金钱的时候,她也有些许的羡慕和心动,她甚至暗地里抱怨过自己为什么偏偏出生在那样的一个家庭。虽然人人都有虚荣之心,但是在那种抱怨和自责的念头在脑海中闪现的时候,琳琳突然间觉得像是一种罪恶,她不允许自己再有这样的想法。从小在艰苦环境中长大的她,在别人优哉游哉的周末去打零工,

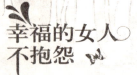

去找各样的兼职,在别人的眼中,她就像一只勤劳的小蜜蜂永远不停地飞来飞去。但是她的心中是幸福的,因为她没有像别的出身穷苦的孩子那样因为抱怨因为羡慕别人的生活而郁郁寡欢甚至一蹶不振。

精神上的富有是一笔巨大的资产,千万不要因为无谓的抱怨而让财富缩水,与快乐绝缘。上天不可能为每个人生来就准备好丰盛的大餐,若希望自己的生活有滋有味,绚烂多彩,就要努力用自己的双手去编织五色花环。

女人的幸福与容貌和出身无关

漂亮的容貌对女人来讲,是一笔巨大的资本,纵使没有这般幸运,但能出身豪门,也足以耀眼于世。然而,古往今来,人们总是习惯地将容貌和出身与女人的幸福紧密相连。我们或许会时不时地听到类似这样的哀叹:"那姑娘这么丑,将来嫁人都是问题。"或者"她家里这么穷,负担这么重,哎,有谁愿意沾上这样的摊子啊?!"在人们或许好心悲叹或许无心的玩笑中,可以看出,容貌和出身对一个女人来讲是多么的重要,甚至有时竟成了安身立命的根本。然而,一个开着名车的女人一定比一个脚蹬自行车的女人幸福吗?一个出身富家一定比生于寒门的女人幸福吗?

如果上帝用美貌来换取你现有的幸福,想必你宁可不要那些没有实际意义的美貌,也不愿丢了近在眼前的幸福。相对来讲,美貌的女子总是比别人更能轻松获取别人的关注,为自己赢得更多的机会,然而幸福的本质却与容貌本身无关。

容貌和出身这些与生俱来的东西,绝不是我们事先就能决定的,然而对每一个人来讲,从出生的那刻起就面临着无数的选择,对于一个女人而言,能拥有一颗聪慧的头脑,在人生的关键时刻做出正确的选择远远比拥有一张漂亮的脸蛋更有价值,也更容易获得幸福。你有什么样的选择,就会有什么样的一生。人生就是在这些大大小小的选择中前进和成长的。那些纵使没有漂亮容颜的女人，正是因为凭着自身的智慧和坚定，在人生的转折点上，做出了一个个正确的选择，才有了更为广阔的天地，有了更为精彩的人生。

见过闾丘露薇的人，绝对不会因为她的毫不生动的长相而磨灭她在我们心中的印象。就是这样一位五官平常的女子曾经因为深入伊拉克战场上报道，被人亲切地称为"战地玫瑰"。

闾丘露薇曾经在香港最大的电视台工作，各方面相当稳定。在凤凰卫视中文台刚刚成立的时候，有个以前的同事希望她能去那里工作。收到这个邀请，她有些迟疑不决。因为那时候她刚刚生完孩子，如果换到一个刚起步的公司工作，是要冒很大的风险的。自己所在的电视台是上市公司，发展空间虽然小一些，但是非常稳定。凤凰卫视毕竟刚起步，可能会遇到很多意想不到的困难，但是机会会多一点，让每个人在那里都有较大的发展空间。它是以香港为基地，市场主要是面向内地的电视台，而自己是在内地长大、在内地接受的大学教育，在凤凰卫视工作，应该对内地的文化和背景有很多的了解，这是别的香港人和台湾人做不到的。最重要的是，她相信，凤凰卫视的定位一定更适合自己将来的发展。经过这样的比较和分析，她很快做出了决定，接受了那位同事的邀请，选择了后者，成为了凤凰卫视的记者。

从后来这些年的发展中，也证明了她的选择是完全正确的。一个靠容貌生活的人能比得上一个对自己性格、长处和处境了解得如此深刻的女人吗？这样的睿智可以令一个相貌平平的女人因为正确的选择而收获靓丽的人生。

幸福并不代表就完全没有哀愁和忧伤，只是那些能够让自己幸福的女人始终都有一颗幸福温暖的心，用微笑面对苦难，用坚强赢得未来。

我们也会经常见到这样的女人，从小家境贫寒，父母离异，在单亲家庭中长大。后来好不容易有了一份工作，却因为公司倒闭，在年近不惑的年龄，再次面对生活的考验。还有一些女人，每天骑着电动自行车上班，穿梭于大街上来往的各色车流中，淹没于城市的喧闹和吵嚷中，甚至还有的人……这些女人没有品牌服装的陪衬，没有高档化妆品的映托，更没有名车可以肆意前行，银行卡上的数字永远是涨了又落，但是，她们的脸上却始终挂着开心的笑容，没有抱怨，没有怅恨，有的只是一颗坚强柔软的心,迎接生活的风风雨雨。这样的女人更懂得生活的原味,更能活出生命的从容。

既然无法选择容貌和出身,但聪明的女人深深懂得,如何去选择幸福。只要你愿意,全世界都会为你让路。

接受自己,不怕有自恋的嫌疑

有位哲人说过:"你要欣然接受自己的长相。如果你是骆驼,那么就不要去唱苍鹰之歌,驼玲同样充满魅力。"接受自己,才能做好你自己!

也许你没有出众的外表,没有非凡的才华,没有辉煌的过去,甚至你还有先天的缺陷,后天的不足,然而这一切,都不是你抱怨的理由,都不足以阻挡住你找寻快乐的脚步。

Jeny 是一个比较沉默的女孩,又因为时常觉得自己一点都不漂亮,而变得更加内向和自卑了。这天,她在饰品店被一只蝴蝶结吸引住了,当时毫不犹豫就把它买了下来。听到店主不停地夸她戴上这个蝴蝶结后显得更加可爱了,Jeny 虽然不相信,但是心底深处还是异常高兴。不由得脚步也变得轻松起来,高高地昂起了头。在回家的路上,她发现很多人都注意了自己,她想这一定是蝴蝶结的功劳,等到了家里,往镜子里一看,头上根本就没有什么蝴蝶结,原来在买完东西之后,把蝴蝶结忘在饰品店里了。

这个女孩的经历恰恰告诉我们一个道理,那就是接受自己,相信自己,自信地昂起头,认为自己是最棒的。有句话说,女人不是因为美丽而可爱,而是因为可爱而美丽。其实,自信的女人最美丽,这种美,出自自信,美在内心。接受自己,你就开始走向自信。

　　学会接受自己，欣赏自己，就是幸福快乐的开始。接受自己，就像在欣赏一幅画。画笔掌握在你自己手中，你可以挥手画上绿树红花，或是淙淙溪水，可以让阳光洒满那　方天地，可以让彩虹更显七彩斑斓。在自己的精神世界中行走，无论贫富，欣赏自己，接受自己，你就开启了快乐之门。

　　接受自己，可以将自己崎岖的经历想象成一首歌。带着强烈穿透力的歌声可以让你在春天感受鲜绿，体验夏季的激情，秋天的美景，冬天的雪白。哪怕语不惊人，你也可以为自己的生命歌唱。用自己的真情实感，质朴纯真，去唱属于自己的生命赞歌。即使得不到别人的鲜花和掌声，也不要为此感到悲伤。至少，我们不气馁，不灰心，拥有自己的鼓舞和慰藉。因为平实的话语同样能道出人生的真谛。

　　当你正为自己不小心碰上了额头而自叹倒霉时，其实这个世界上还有很多的人比你更不幸，只是我们都习惯将自己的不幸夸大。而那些在真正的不幸中煎熬过、挣扎过的女人，却正以另一种你所不曾有过的姿态昂然前行。

　　有一位不幸的女子，从小就患上了脑性麻痹症。肢体失去平衡感，手足会时常乱动，口里也会经常念叨着模糊不清的词语，模样十分怪异。但她却坚强地活了下来，而且靠顽强的意志和毅力，考上了美国著名的加州大学，并获得了艺术博士学位。由于不能通过语言正确地表达自己的意思，在每一次演讲中，她总是以笔代嘴，以写代讲，所以，人们又亲昵地称她为"写讲家"。一次，当有人贸然地问她："你从小就长成这个样子，请问你怎么看你自己？你有过怨恨吗？"只见她十分坦然地在黑板上写下了这么几行字：

　　一、我很可爱！

　　二、我的腿很美很美！

　　三、我的爸爸妈妈很爱我！

　　四、上帝会公平地对待每一个人！

　　五、我会画画，我会写稿子！

　　六、还有很多的生活方式让我热爱……

　　她就是台湾的黄美廉女士，不幸没有让她绝望，反而使她变得更加坚强。勇敢地

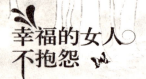
接受自己，才有了后来的种种成绩。正如她自己所说："我只看我所有的，不看我是所没有的。"她始终用行动实践着这句话，也精彩地证明了自己活着的价值。

接受自己，你就会变得豁达大度。在这世界上，最能左右自己心境的人其实还是自己。人生在世，草木一秋。只有能够真正做到心平气和，才会让每一个平淡的日子慢慢地生动起来，才会头脑清醒地去审视自己，才会把一些名利得失看成过眼云烟，才会去干自己想干也能干的事情。

接受自己，并不意味着你自负。一个不愿意接受自己的人，和快乐的距离会越来越远。不必在意自己的一时一地的得失，就不会让痛苦有可乘之机。一个接受自己的女人，决不会毫无来由地贬低自己，她能看到自身的魅力所在，也能让更多的人看到这种魅力。

接受自己，就可以清醒地认识自己。虽说"旁观者清，当局者迷"，但只要静下心来想想，这世界上，每个人都有自己一摊子绕不开玩不转的事，谁还有那么多的精力来"关注"你。接受自己，就可以不断地完善自己，使自己朝着自己向往的理想方向大步行走！

或许，你曾经有不开心的过去，有不幸的经历，但是坦然地接受，辛勤地去耕耘人生。即使是上帝制造了不完美的我们，也必然在万物众生中有一条属于我们自己的路。不必感到自卑，虽然不是月亮，我们却可以用星光来点缀世界的夜空。接受自己的平凡和平凡的过去。昨天已经逝去，明天还是个未知数，但今天掌握在我们手中。如果你因为逝去的昨天而内疚，那你也将失去灿烂的明天。不要羡慕别人已站在山脚下，只要我们不失攀登高峰的勇气。不要因为别人已位居成功的闪光点，而自己才在起步的零点上而徘徊、犹豫，没关系，愉快地接受自己。有信念在，我们就能坚定地追赶前方的目标。

相信自己是最好的，接受自己，且行且珍惜，用自己的双手为生活着色、添彩。

根据现实给幸福下定义

播下一种心态，收获一种生活。心态平和的女人，纵使没有璀璨夺目的首饰，没有华贵绝美的衣服，也能自在从容地行走于众人羡慕的目光里。

生命的质量决定于每天的心态，女人的幸福感觉正来自于这种平和的心态。一个心态平和的女子可以处变不惊，总是能以一颗快乐的平常心，将每天的生活打理得井井有条。可以正确地面对挫折，始终保持着对生活的热爱。保持一颗平和的心，就能少一点抱怨，努力将自己变成幸福的主人，拒绝抱怨的奴役。

著名女作家塞尔玛，在成名之前曾经和丈夫一起驻扎在一个沙漠的陆军基地里。丈夫奉命要到沙漠演戏，自己就被留在基地的小铁皮房子里。沙漠里的天气，干燥酷热，她实在吃不消这样的生活环境。四周没有一个亲人，都是些墨西哥人和印第安人，但是他们都不会说英语。语言的障碍，让她更加感觉孤单和难耐。她失望地给父母写信，并打算不顾一切地回家去。很快，收到了父亲的回信，打开一看，却只有简单的两行字："两个人从牢中的铁窗望出去，一个看到泥土，一个却看到了星星！"正是这简单的一句话，深深地印在了塞尔玛的心中，瞬间改变了自己的想法，她的生活也因此而发生了翻天覆地的变化。

塞尔玛惭愧之余，决定要在沙漠中找到"星星"，不能只看到"泥土"。她开始和当地人交朋友，而他们的反应也使她非常惊讶，都热情地表示愿意和她结识。

一旦她对他们的纺织、陶器表现出兴趣，他们就把自己最喜欢但舍不得卖给观光客人的纺织品和陶器送给了她。在那里，塞尔玛研究了那些引人入迷的仙人掌和各种沙漠植物，又学习了大量有关土拨鼠的知识。在这里她看到了壮美的沙漠日落，还寻找到了几万年前沙漠还是海洋时留下来的海螺壳。这一切原本让人难以忍受的环境却因为心态的转变而成了令人兴奋、流连忘返的奇景。

如果没有一颗平和的心，就不能安然地接受这一切。沙漠还是那片沙漠，周围的人群没变，但是唯一改变的就是她的心态。正是因为心态的转变，恶劣的生存环境变成了意义重大的冒险。拥有平和的心态，就能生出一股强大的力量，体验别人不曾有的精彩。

幸福如花，开在心间。内心幸福的女人无论当时多辛劳，别人觉得有多苦，她都能安之若素，自在安逸地享受一切。

幸福的女人，会根据现实给自己的幸福下定义。在她们内心深处，始终坚信，幸福不在于拥有多少金钱，更多的是一种感觉，一种可以实实在在把握的感觉。有时候，平安健康地活着，自由自在地呼吸，身边有珍惜自己也值得自己珍惜的人，就已经是莫大的幸福了。

当你生病的时候，有人陪伴在床边，端茶倒水，一脸担忧，却又强颜欢笑逗你开心，这就是幸福。在困难面前有人紧握你的手，和你一起共同面对。开心的时候有人陪你笑，伤心落泪的时候有人和你一起哭。无论在什么情况下，你都不会觉得自己是寂寞孤单的一个人。没有玫瑰花和烛光晚餐的浪漫，但有人始终牵着你的手，安全地把你送到马路的对面，这就是幸福。

在很大程度上，幸福的生活就是快乐的生活。说到底，幸福终究不过是生活的一种颜色，是个人对生活的理解，它可以有多种多样的形式。善于把生活中点滴的幸福积累起来，你才会慢慢地被幸福包围，沉浸其中。如果不屑于琐碎的幸福，那么你也终将被排斥于幸福之外。

在通往幸福的路上，也充满了种种不幸、疾病、挫折甚至灾难，因此要想成为幸福的女人，没有平和的心态，断然不会抵达幸福的终点。很多人无法看清自己拥有的幸福，往往在幸福的时候把握不住，让幸福一闪而逝，匆匆离开了自己，以致追悔莫及。那样的人无力挣脱现有的寂寞，总是唠叨着自己遭遇的不幸，怎会得到真正的解脱和幸福呢？

生活的现实有时候就是现实的生活。幸福不是豪宅钻戒，珍惜身边的幸福，不盲目与人攀比，好好把握住现有的生活，即便此刻走在冷风刺骨的街头，你的内心也一定可以被满满的幸福所温暖……

树立一个可以预期的目标，减少对现状的抱怨

目标犹如黑夜中的一座灯塔，指引着我们穿过茫茫大海到达彼岸而不至于迷失方向。俄车尔尼雪夫斯基曾说"没有目标，哪来的劲头？"目标是前进的动力，一个人如果丧失了目标，他眼中的世界很可能会在顷刻间崩塌。

英国有一个名叫斯尔曼的残疾青年，他的腿患有慢性肌肉萎缩症，走起路来都有很多不便，然而他却创造了连许多健全的人都无法想象的奇迹。

19岁那一年，他登上了世界屋脊珠穆朗玛峰；21岁那一年，他征服了著名的阿尔卑斯山；22岁那一年，他又攀登上了他父母曾经遇难的乞力马扎罗山；28岁前，世界上所有的著名高山几乎都踩在了他的脚下。但是，就在他生命最辉煌的时刻，他在自己的寓所里自杀了。实在是无法想象，这样一个在人们眼中如此坚定顽强的人怎么会走上自我毁灭的道路呢？

后来从他的遗嘱中人们知晓了答案。"如今，功成名就的我感到无事可做了，我没有了新的目标……"原来，11岁那一年，他的父母在攀登乞力马扎罗山时遭遇雪崩双双遇难。出发前给小斯尔曼留下了遗言，希望他能够像父母一样，征服世界上的著名高山。因此，他从小就有了明确而具体的目标，目标成为他生活的动力。但是，当28岁的他完成了所有的目标时，就开始找不到生活的理由，就开始迷失人生的方向了。他感到空前的孤独、无奈与绝望，没有了人生目标的他，因此也就感觉不

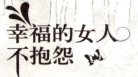

到生命的意义。

对每一个完整的个体生命来讲,没有了目标,生命也就失去了存在的价值和意义。法国蒙田这样说:"灵魂如果没有确定的目标,它就会丧失自己。"目标固然重要,但如果不明确,就像那个请教老农插秧的哲学博士,盯着一头边走边吃草的水牛,结果是一排秧插得参差不齐,不忍卒睹。在你开始一项伟大行程的时候,树立一个明确的目标,是很重要的。没有明确的目标,人生也会漂移不定,有了确切的目标,并坚定不移地向前,就可以走出一条笔直的阳光大道。

一个有着伟大志向的人是可敬的,就像塞万提斯说过:"目标越高,志向就愈可贵。"然而一个好高骛远,不求实际的人,即便树立了远大的目标,也很难将其变成现实。正如俞敏洪所言:"人生的奋斗目标不要太大,认准了一件事情,投入兴趣与热情坚持去做,你就会成功。"学会将长远目标分割的人是聪明的,是智慧的。

1984 年,在东京国际马拉松邀请赛中,名不见经传的日本选手山田本一出乎意料地夺得了世界冠军。当记者问他凭什么取得如此惊人的成绩时,他说了这么一句话:凭智慧战胜对手。

当时许多人都认为这个偶然跑到前面的矮个子选手是在故弄玄虚。马拉松赛是体力和耐力的运动,只要身体素质好又有耐性就有望夺冠,爆发力和速度都还在其次,说用智慧取胜这未免也有点太勉强了吧。

两年后,意大利国际马拉松邀请赛在意大利北部城市米兰举行,山田本一代表日本参加比赛。这一次,他又获得了世界冠军,记者又请他谈谈经验。

山田本一性情木讷,不善言谈,回答的仍是上次那句话:用智慧战胜对手。这回记者在报纸上没再挖苦他,但对他所谓的"智慧"迷惑不解。

10 年后,这个谜终于被解开了,他在他的自传中是这么说的:

每次比赛之前,我都要乘车把比赛的线路仔细地看一遍,并把沿途比较醒目的标志画下来,比如第一个标志是银行;第二个标志是一棵大树;第三个标志是一座红房子……这样一直画到赛程的终点。比赛开始后,我就以百米的速度奋力地向第一个目标冲去,等到达第一个目标后,我又以同样的速度向第二个目标冲去。四十多公里的赛程,就被我分解成这么几个小目标轻松地跑完了。起初,我并不懂这样的道理,我把我的目标定在四十多公里外终点线的那面旗帜上,结果我跑到十几公里时就疲惫不堪了,我被前面那段遥远的路程给吓倒了。

现实中,很多女人对自己所处的现状抱怨不休,抱怨薪水太低工作不理想,抱怨自己年过而立仍一事无成等等,可是对未来又抱着幼稚的幻想,今天还处在一个刚解决基本生存的状态上,明天就咬着牙说决心要在半年内怎么样怎么样等等不切实际的理想,可是等到给自己设定的时间段过去,却发现自己并没有前进多少,这样循环往复,就陷进了可怕的抱怨轮回中。这样的女人不懂得"不积跬步无以至千里"的道理,没有踏实奋斗的姿态,更没有树立预期可以实现目标的智慧和聪颖。

一个人看不到自己前进的方向是可怕的,有了远方也就有了人生追求的高度和方向,远方也会因为你的执著变得不再遥远。每个人都应该树立一个能够让自己为之奋斗的目标,当明确了人生的目标,懂得将它分解。现实生活中,很多人做事情总是半途而废,往往不是因为事情本身的难度太大,而是觉得离成功太遥远,没有坚持下去,而将一个长远的目标分解成一个个小目标之后,你会发现轻而易举就可以实现近在眼前的小目标,将看起来遥不可及的目标变成一个个可以预期实现的小目标,那么你离人生的大成功也就不远了。

通过行为和语言来改善不良情绪

面对纷繁芜杂、千变万化的社会环境,每个人都会有遭受不公、挫折的可能,因此就会产生这样那样的苦恼和烦躁。如果任由这些负面情绪发展下去,就会严重影响我们正常的工作、生活,对我们的身体健康也是一种威胁。在这样的社会,女性所面临的压力也在与日俱增,如何控制和调节自己的情绪,就显得尤为重要。因为只有拥有了良好的情绪才是女人快乐的基础和前提。

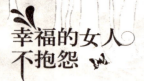
心情低落是难免的,但是我们可以通过行为和语言改善这种不良的情绪。有了良好的情绪,即使是穿布衣,吃淡饭,也是开心的。

1.强行压抑不如合理宣泄

不良情绪如果已经产生,就应当通过适当的途径排遣和发泄,千万不要闷在心里。"喜怒不形于色"需要的是非一般的功底,但是这种强行压抑情绪的做法,非但不能解决根本问题,还会给我们的健康带来极大的危害。

倾诉法可以助你一臂之力。可以向自己信赖的人倾吐心声或者大哭一场,把郁积心中的不快发泄出来,心中就会顿时觉得敞亮很多,你会突然发现,原来事情并没有这么糟糕。当然这种发泄的方法,一定要注意对象、场合的选择。如果运用不当,不但没有解除烦恼,可能还会伤害到他人。

2.转移注意力

当火气上涌,情绪激烈的时候,不妨有意识地转移话题或者做点别的事情来分散自己的注意力。出去散步,看电影等。紧张的情绪和氛围也会随着这些轻松的活动松弛下来。一个人出现不良情绪时,有意识地把自己的注意力转移到其他活动中去,可使这种不良情绪得到缓解。

比如说听音乐,就能起到很好的转移注意力的效果。遇到忧愁、惊恐、烦恼时可听听轻音乐,可使你的忧愁、惊恐、烦恼烟消云散。因为音乐能直接影响人的情绪和行为,节奏鲜明的音乐能振奋人的精神,使人激动、兴奋,而旋律优美的乐曲,则能使人情绪安静、轻松愉快。

3.换一个环境,用美景消解不良情绪

大家或许都有过这样的体验,当心情烦躁的时候,去到一个风景秀美的地方,顿时就会觉得心旷神怡,大自然的美丽的确可以开拓我们的视野,可以纾解我们疲累的身心,从而抛却生活中的许多烦恼和不愉快!

4.将努力付诸实际,用成功的喜悦冲刷和抵制不良情绪

如果你工作不顺,不受上司重用,又身处逆境,遭人白眼等等而苦闷不堪,不如把有限的精力投入到某一项你感兴趣的事情中去。比如说,你可以找一件一直很喜欢但已经很久没有继续的事,然后制定出切实可行的计划。给自己每天设定一个目标,把大目标分割开来,这样实现起来也比较容易,从而也避免了因为困难而半途而废。

在这个计划中,重要的是做,而不是你在做的过程中的感受。你可以控制自己的行为,但不能直接控制情绪,情绪会受到行为的影响。当你一天天坚持下去的时候,你会发现你能做到的事情很多,其中也包括之前连想都不敢想的事情,也在你这种持续的努力中完成了。最终你将会通过成功改变自己的处境和心境。

5.积极的语言暗示

语言是人与人之间交流的重要工具,也是自我沟通的重要方式。积极的语言暗示可以对人的心理甚至行为起到意想不到的作用。当不良情绪袭来时,你可通过语言暗示的作用来调整心境,进而缓解不良情绪。

比如说你怒火中烧,正待爆发时,可以默诵或轻声自我警告"保持冷静"、"不允许发火"、"要注意自己的形象和影响"等词句,想尽办法抑制住自己的情绪,也可以针对自己的弱项,预先写有"制怒"、"镇定"等条幅置于案头或悬挂在墙上。明白了发怒既伤自己身体,又伤害别人,还解决不了问题,就能有意识地改善这种不良情绪。

每个女人都会有不顺的时候,试着在最不开心和失败时对自己说:"这已经是最糟糕的了,不会再有比这更倒霉的事发生了。"既然"最糟糕的事"都已经发生了,还有什么可怕的呢?既然已经到了最低谷,那么以后就该顺利了。

寻找快乐,就不可专注于负面的情绪,不要总是提醒自己:"这事上次没做好,这次可千万不要再出什么差错"、"这段路总是出交通事故"等等,否则,只会使心里更紧张,懂得快乐的人就会避免用失败的教训来提醒自己,而常用一些积极性的暗示,比如"这事我最拿手,一定会做好"、"经过这段路时应该减慢速度"等等,这种积极的暗示,比起向自己强调负面结果要好得多。

总之,改善不良情绪的方法有很多,良好的情绪可以让女人更加健康与美丽,聪明的女人总能尽力让自己保持一份好心情。

第 2 章

不纠结外形不够惊艳，
普通姿色同样能绽放上乘魅力

　　没有令人惊艳的容貌，怕什么！没有魔鬼般的身材，又怕什么！上帝给了女人不同的容貌，但是仪态气质要你自己去塑造。大方得体的态度，成熟坚韧的性格，也能为你赢得较高的回头率，提升你的生活品质。懂得自我经营，即使姿色平常的女人，也能拥有独特的魅力。

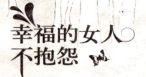

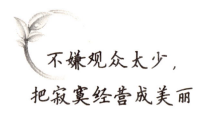
不嫌观众太少，
把寂寞经营成美丽

"喧嚣的舞池，匝踏的人声，我容易醉在酒里。繁华中我是陷落的城池，人们拒绝我哭泣，今夜无人的角落，寂寞让我如此美丽。"想必很多人对这首歌并不陌生，梦幻般的旋律被歌手独特的嗓音演绎得淋漓尽致，丝丝入扣。

提起寂寞，人们常常会想到无聊、空虚、清冷，自古以来，寂寞似乎天生就和这些瑟瑟的字眼有着千丝万缕的联系。"月如钩，寂寞梧桐深院锁清秋"的哀愁，"生在深闺人未识，是妍是媸无人知晓"、"独倚危栏泪满襟，小园春色懒追寻"的闺愁。"夜阑犹未寝，人静鼠窥灯"的孤独等都不同层次地表达了寂寞的境界。

自古以来，无人能逃过寂寞，然而将寂寞经营成美丽的女子犹如天山雪莲，一袭白衣，静立寒风，悄然绽放于天地之间，孤寂而傲然，清雅而又浓烈。

四年前，一个平凡的女孩，只身前往贵州的大山深处支教，开始了一段几乎与外界隔绝的山区生活。就是这样一个平凡的 80 后女孩，放弃了原来的高薪工作，用柔弱的双肩为山里的孩子担起了沉甸甸的梦想。被人亲切地称作"最美的女支教老师"。

她出生在一个富裕的城市家庭，顺顺当当地读完了大学并找到了一份很多人羡慕的工作。一个偶然的机会，被报纸上刊登的一则招募支教老师的消息所吸引，她的那颗火热的心立时激动起来，她说服了父母，几经周折，终于到了她所支教的目的地。四年，她把自己最美的青春献给了大山，献给了大山深处的孩子们。在那几乎完全与外界隔绝的地方，没有亲朋好友的陪伴，没有以往的安逸和舒适，然而，她的心中从未有过丝毫的后悔和抱怨,有的只是善良和无私。她竭尽全力将自己的所学所懂教给孩子们,看着孩子们一双双渴求知识的眼睛,她就会有无限的动力。

人的一生能够有多少个四年可以等着你,又何况是最美好的青春年华?不管别人怎么看,怎么说,她都这样寂寞地坚守着这个梦,继续前行着。这样的女孩,静寂中渗透着坚定的美丽。

才华出众的李清照在18岁就嫁给了少年才俊赵明诚,告别了轻罗薄裳微汗透的少女时代,然而这位绝代才女,在婚后却很难再找到之前的那种含羞慵懒的风情,与赵明诚小别的彻夜不眠充斥着每天的生活。思念的深情和独居的寂寥近乎窒息了她站立的每一寸空间。就那样像塑像般无数次地凝立在窗前,举手投足间都有挥洒不尽的闲愁。此时此刻的寂寞是如此的真切,像青藤一般蔓延了整个身心。于是低头凝神,将离愁别绪和闺情寂寞吟哦成句,"知否,知否?应是绿肥红瘦"、"新来瘦,非干病酒,不是悲秋"……"薄雾浓云愁永昼,瑞脑销金兽。佳节又重阳,玉枕纱厨,半夜凉初透。东篱把酒黄昏后,有暗香盈袖。莫道不消魂,帘卷西风,人比黄花瘦。"清烟袅袅,凄清惨淡……

面对国破家亡,身遭小人陷害的无助,她就像风霜雪雨中的孤零零的一支摇曳着的花枝,"物是人非事事休,欲语泪先流"的无奈,"花自飘零水自流"的黯然神伤,谁能体会?"三杯两盏淡酒"并不能助她挣脱寂寞的命运,痛心疾首的李清照最终将自己完全交给了诗词。

以生花妙笔把寂寞定格在美妙的诗篇中,成为千古绝唱。寂寞成就了她的美丽,这种美丽如一泓清水,映照着她孤傲坚贞的精神,这种美印在了每一句诗词之中。

寂寞的女人细数着生命长河飘过的每一叶扁舟,如果注定要与寂寞同行,你可以用画笔点缀,可以在书海遨游,那里的一切都任由你想象、创造。

寂寞,是一道山涧的清泉,清冽纯然,幽静地穿越在葱郁的灌木丛中,没有世俗的喧闹扰乱,没有污浊气息的熏染,默默地滋养着天地万物的灵气。红尘之中,整天形色匆忙,俗事缠身,疲惫不堪,与其带着面具做事,不如独居一室,坚守一份寂寞,一份心灵的慎独,与自身对话交流,享受这份独处的宁静自然,灵魂就能在寂寞中得到净化与洗涤。

幸福的女人不抱怨

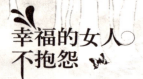
人应该是需要点寂寞的，把寂寞当成一项事业去经营。专注于自己的领域和世界，寂寞和孤独便是日子的从容。淡然处世，潜心于自己的学术之中，这样的孤独和寂寞如孕育着的花蕾，也经受着失意的风雨，承载着攻克的喜悦，以最美的姿态迈向成功的彼岸！

寂寞是精神领域最为素雅的一笔，当追求事业的坚贞自心灵深处溢于钻研之中，清冷的幽香，诠释着人性的美。与生俱来的所有浮躁被模糊淡忘或摒弃后，心灵的芳香将会溢满你人生的整个旅程。

很多时候，我们没有那位女孩的幸运，没有李清照的才气，至少她们在完善自己生命的同时，也赢得了众多喝彩的掌声，很可能，大多数女子只是默默地走在寂静的深夜，在无人问津的角落，独自哭泣，暗自抱怨，甚至是顾影自怜。其实，一个美丽的女人，不会因为别人的淡漠而消沉，不会因为周围环境的恶劣而夭折，她会把美丽当成一种习惯，不管是在人潮汹涌的大街，还是寂寥的冬夜，她都能以一种骄傲的姿态，美丽优雅地生活着。

发现自己的美丽特质，有针对性地强化它

有人说，上帝很公平，赐给你一个美丽的容颜，却不一定让你拥有渊博的学识，关了一扇门，或许会在别处为你打开一扇窗……

在中央电视台这个广阔的舞台上，董卿算不上是最漂亮的，她是依靠自己的努力和独特风格打动观众的。她一路走来留给我们的更多的是感动和支持！

在浙江省艺术学院读书的时候，董卿还是个自卑的小女生。第一次上形体课的

时候,看着别的同学熟练地做着各种优美的动作,可自己连基本的劈叉都不会,心情很是郁闷。到周末的时候,宿舍里漂亮的女同学每每被帅哥约出去,她也很是羡慕,自己只能把课本翻来翻去的看了又看。

好不容易熬过了半年的时间,董卿经过努力各方面逐渐起色,成绩逐渐名列前茅,形体和台词的训练也渐入佳境,还如愿以偿地拿到了一等奖学金。

其实,董卿的父亲是不大愿意女儿去读艺校、搞文艺的,常常对她是一顿说教。董卿虽然很抵抗父亲对自己人生志愿的干涉,但是内心里还是很感激父亲教会了自己很多东西的。

从父亲那里,她清楚地知道要做怎么样的自己,那就是端正本性,一心求知,决不轻浮,决不学坏。她时刻没有忘记父亲的教诲,在 1990 年进入浙江艺术学校"话剧表演"专业就读后,她将父亲深刻的教诲化为行动,以此来报答父亲对她做出的让步。毕业不久,她因《北京人在纽约》的热播采访姜文,采访结束之后,姜文很满意,就指着她对身边所有的人说:"你们都来接受一下这个女孩的采访,她挺灵的,提问很到位,跟其他记者真的不一样。"她的刻苦努力没有白费,勤奋地读书,平时的积累堆砌了她才华的大厦,1994 年专科毕业后,董卿参加工作,几次易主,每次都经历大的落差。第一份工作是应聘到浙江电视台,董卿当主持人,还当过制片人,如鱼得水。一年后,董卿考上海电视台,从七八百人中脱颖而出,成为幸运儿。

2002 年,董卿离开了顺利发展了 7 年的上海到了北京,在这个陌生的城市,有一种呛人的流浪感缠绕着她,有好几次,她都想提上箱子转身就走,然而她还是强忍着眼泪告诉自己:"我现在要的是什么?不就是工作、激情和满足感?坚决不回!"她度过了那段生命中不能承受的煎熬。

这样一个对生活执著追求的女子,终于得到了越来越多的人的认可,她每次主持的节目,导演都很放心。她不但博闻强识还为每一次节目做足了充分的准备,在台上是行水流云举重若轻;她懂得衣饰搭配,为了一双鞋子,可以跑遍整个北京,央视造型师都夸她上镜;台后她拧着眉毛很是认真,为了一句台词斟酌半天,一上台就舒展自如,笑靥如花,仿佛,那些失眠和孤独的夜晚从不存在。

她曾经说过:"生活中,我不属于特别爱笑的。舞台上我爱笑,很多人也很喜欢我

的笑容,觉得很真诚。奇怪,我心甘情愿地把这个最好的最美的我,留给观众。这不是虚伪,站在舞台上,我就很开心。非常享受工作的感觉。有时心情不愉快,但上了台就全忘了。"

董卿纯净的笑,渐渐感染观众,并在2004年被委以重任,主持"第十一届全国青年歌手电视大奖赛"。从9日到29日,职业组和非职业组共有三十场,每晚直播近三小时。董卿每天下午四点彩排,到十点直播结束,换掉主持礼服又进会议中心,和老师核对次日的考题。回家已是凌晨三点,董卿还要打着呵欠背台词,生物钟被严重地打乱了……生活不再那么规律,有些苦不堪言,可她却乐在其中,每一场节目下来,都很有成就感。

她清楚地知道自己能干什么,想要什么,并且要为此付出什么,她喜欢极致的感觉,尽管这种极致是没有底的,她珍惜生活,感激每一种很细微的美丽。

在生活中,董卿最崇拜普京,因为觉得他很强硬,很有力量。其实,她自己又何尝不是有力量的女人呢?

她相信一句话:"女人20岁之前的容貌是天生的,20岁之后就是自己塑造的。经历、环境,都会影响你的眼神和姿态。"

她不是最漂亮的,但是她那种在紧急时刻,不动声色,云淡风轻地与观众"唠嗑",她的机智幽默的主持风格,在她的一颦一笑中,都透着迷人的气质。

每个女孩都是天使,上天把礼物公平地分给了每一个人,有的得到了智慧,有的得到了美貌,然而不同的是,每个得到礼物的人对待礼物的态度。没有必要抱怨自己容貌的缺陷,在你的身上肯定有着独特的亮点,只要你善于发现并努力强化它,它定会陪你穿过漆黑的寒夜,看到最美的曙光。

L曾经是一个很自卑的女孩,因为自小就很胖,她也想过要减肥,尝试了几次之后,不但没有成功,还影响了自己的健康,就无奈地放弃了。她天生有一副好嗓子,音质纯美,是校园广播主持人。但容貌和形体的缺陷让她变得很自卑,她不喜欢和别人打交道,她受不了人家用那种异样的眼光看她,因此很多时候陪伴她最多的是那台小收音机。毕业前夕,一个偶然的机会,她听到一个电台栏目招聘主持人,她抱着试试看的念头去参加了,参赛的人很多,可是这个栏目只招聘两个人。没想到经过几轮的面试复试，到最后她竟然和另外一个男生成为了最终确定的人选。

一直到现在，L仍然在这个省级广播电台做着自己喜欢的节目，她的声音和才华为她赢得了越来越多听众的喜爱。

说起之前的经历，她自己也不禁淡然一笑，笑自己曾经的幼稚，她说其实每个女人身上都有最美的地方，都有可以挖掘的财富，你只需要自信努力的坚持下去。

不担心自己没活力，不要让自己做"宅女"

人们对宅女的定义是，从小就就喜欢安静，不喜欢人多。因为是独生子女，家人不放心让其在外面跑，就经常被关在屋里。受家庭环境的影响，对亲戚朋友的感情不是特别的强烈，交际圈子也很小等等。宅女不愿意与人交流，总是待在家里，沉迷于某种事物，网络、动漫、游戏等等这些虚幻的世界。她们在网上可以轻松地找到很多相同爱好的人，习惯性的逃避现实生活。

宅女最明显的特征之一，就是有意识地封闭自己，不与外界接触。一人独自在家自有很多妙处和乐趣，但是长久地将自己宅起来，如果作为一种生活方式，本无可厚非，对别人或许没什么不好，对自己却是极大的伤害和不负责任。试想，宅女习惯了屋子里的天气四时不变，一旦哪天出去了，就很难适应外面的环境，还有可能四处碰壁，自信心挫伤，结果反而会变得更"宅"，进而形成了一个恶性循环，对自己的身心健康都没有丁点好处。

每天大门不出，二门不迈，整天憋在屋子里沉迷于玩电脑游戏，网络聊天，泡论坛，看动漫。用宅人的话说，旅游逛街太累，唱歌泡吧太吵，恋爱聊天伤神且费钱，通

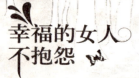

宵派对伤害身体和皮肤,是小孩子才做的事。简单生活,回归平实——"家里蹲"怎么看都是个再适合不过的状态。

但是这样下去,由于生活不规律,生物钟被打乱,睡懒觉自然也就成了宅女一族必修的课程,有人总结过,光是睡懒觉这一项,修来的负值就有三大方面的伤害和坏处。

1.睡懒觉会打乱人生物钟节律

众所周知,正常的人体的内分泌及各种脏器的活动,有一定的昼夜规律。这种生物规律调节着人本身的各种生理活动,使人在白天精力充沛,夜里睡眠安稳。如果平时生活较规律而到假期睡懒觉,会扰乱体内生物钟节律,使内分泌激素出现异常。长时间如此,则会精神不振,情绪低落。

2.睡懒觉会影响胃肠道功能

一般早饭在7点钟左右,此时晚饭的食物已基本消化完,胃肠会因饥饿而引起收缩。爱睡懒觉的人宁愿肚子饿也不愿早起吃早饭,时间长了,易发生慢性胃炎、溃疡病等,也容易发生消化不良。

3.睡懒觉可影响肌肉的兴奋性

经过一夜的休息,早晨肌肉较放松。醒后立即起床活动,可使肌肉血液循环加剧,血液供应增加,从而有利于肌肉纤维的增粗。而赖床的人肌肉组织长时间处于松缓状态,肌肉修复差,代谢物未及时排除,起床后会感到腿酸软无力,腰部不适。

宅女的生活不少都是每天睡觉睡到自然醒,上网上到手抽筋。社会学专家指出,长期缺乏与人交往,会导致基本社交技能的退化。因此,宅女们还是要多出去走走,参加一些社交活动,在不断地与人交往过程中提升自信,认识到自我存在的地位和价值。

日夜颠倒的、长期不规律的睡眠容易引起睡眠周期紊乱,造成机体各系统功能失调,导致情绪不佳、无精打采、疲惫不堪,抵抗力下降的状态。同时还会损害脑细胞,长此以往有可能导致性格变化。

除了睡懒觉带来的坏处之外,还要承受因为不运动而导致的身体发胖。为了方便和省事,宅女大都钟情于方便快捷快餐类食品,这些即食类的"垃圾"食品,一方面容易引起身体肥胖，另一方面营养成分的单一直接影响生长发育及身体健康。

不出门，不运动，不见阳光，长期缺少运动，直接影响青少年的生长发育，影响成年后的骨密度。长期躲在家中"不见天日"，还会引起身体合成维生素 D 不足，造成骨质的钙代谢失常，骨密度降低，骨质的强度及硬度不够。

电脑成了陪伴宅女最多的朋友，网络世界的自由让她们更容易在虚拟的空间中找寻到自己的精神寄托，从而有种巨大的成就感，即便是这种成就感是没有根底可言的，但这会让她们陷得更深，越来越逃避着现实世界。把更多的时间打发在网上，在电脑前一坐就是连续十几个小时，这对身体生理都是种极为有害的摧残，视觉疲劳和视力下降，颈肩腰背酸痛等症状也会不请自来。

其实，除了健康受到极大的威胁之外，这更是一种逃避社会逃避现实的生活方式。

说到底，人是具有社会性的，只有处于社会之中才能正常成长，如果长期不和社会接触，对于人际交往和社会活动漠不关心，和家人很少沟通，会导致社会适应性亚健康，突出表现为对工作、生活、学习等环境难以适应，对人际关系难以协调，也就是角色错位和不适应。长期下去，还会导致其心理障碍和精神疾患，造成抑郁、焦虑情绪等。

幼苗经过雨露滋润才能健康成长，与风霜搏斗才能更显茁壮，一个人如果整天沉迷于自己的世界，和有意识地将自己与社会隔离没什么两样。本是如花的年龄，本是活力四射的青春，却带着"宅女"的帽子，萎靡度日，是何等的悲哀。

多出去活动活动，和大自然亲近，和朋友交往，你将领略不一样的精彩。美丽人生本不该"宅"着。

不管是 80 后还是 90 后，未婚还是已婚的女性，当你抱怨自己的生活如一潭死水，没有活力和乐趣的时候，问下自己，今天你又"宅"了吗？

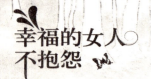
不一定要追逐时尚，
但一定要懂得时尚

　　时尚就像一条流动的河，又像是望不到边的海，时尚的潮流一波接着一波，永无尽头。时尚是不断变动的，这种不确定的变动从某个角度上来讲，是区别于今天的时尚和昨天、明天的时尚的个性化标记，满足了人们对差异性、个性化的要求，也满足了人们对自我内心的一种享受。时尚可以说是无孔不入。从古到今，不管是东方还是西方，每个国家每个时代都存在着时尚。它本质上没有陈旧与创新，没有高雅与低俗，只有文化的流变、时间的流逝与人心的变迁。

　　当年流行的大哥大，今天掌上电脑早已经成了一道时尚的风景线，虽然这种时尚离不开科技的发展，但是昨天普普通通的帆布鞋却成了今天的时尚。时尚的内容实在是太宽泛，类似于在牛仔裤上磨出一个破洞的标新立异是时尚，前卫新潮是时尚，稀奇古怪也是时尚，然而在物质文明高度发达的今天，家居、体育、旅游等等各行各业都可以看到时尚不断闪现的身影。它丰富着人们的物质文化生活，促进着经济的发展。时尚已经成为现代社会生活中不可或缺的一个部分。因此，没有任何一个人可以完全掌控时尚的潮流，你的脚步永远也跟不上瞬息万变的现实。

　　追逐时尚本没有错，但是若是被这种潮流支使得团团转的女人，是愚蠢的甚至是得不偿失的，不但提升不了自己的品味，还大大委屈了自己的钱包。

　　女人不一定要追逐时尚，但是一定要懂得时尚，不能不懂得装扮自己，因为形象对每个人都很重要，懂得时尚的女人知道如何修饰自己的美丽，如何将自己最精彩的一面展现出来。尤其是新世纪的女性，凭着自身丰富的阅历、敏捷的思维和较高的学历立足于现代都市，走在潮流的尖端，要懂得用独特的视角和见解来引导自己，用个性的色彩和感观强化自己，展示自己的风情，取悦自己的心灵。追求生活的高质量和活出率性的自我，可以说是一个现代女子所追求的最佳境界。

追逐时尚的女人整体被品牌和价格围得水泄不通，不断向前追赶的脚步也会让自己变得疲惫不堪。懂得时尚的女人却能将平凡和普通变成别有特色的风景。

懂得时尚的女人不一定非要穿名牌，但是也能将自己打扮得迷人有品味，因为她可以穿出自己的品味和风格。

K女士是大家公认的懂得会装扮自己的时尚美女。其实，论相貌并不算上乘，然而她的穿衣打扮总能给人耳目一新而又得体的感觉。夏天到了，商店中各种款型和品牌让人看得眼花缭乱，街上各式各样的裙子也都纷纷登场。K女士也喜欢穿裙子，尤其是连衣裙，本打算去几家新开的时装店给自己挑选两件新的，但没有找到最喜欢的也只好作罢。回到家翻出一条压在衣柜底层的连衣裙稍微做了下改动就又接着穿了，没想到第二天这个"尘封"了两年的旧衣服却赢得了不少人艳羡的目光和赞美的话语。其实，那不过是条普通的不能再普通的裙子罢了，不是什么名牌，只是在原来的样子上稍微做了"手脚"的缘故。

其实，高贵的品牌不一定能衬托出你的气质和品味，相反，找到一个最适合你自己的款式却能极大提升你的品味和气质。因此可以说，品味是穿出来的，只要找到最合适自己的才能穿出属于自己的风格。

一个女人的衣着饰物，说明着她的身份，也在默默地传递着她的个性信息。

英国历史上第一位女首相撒切尔夫人，对自己的妆容、服饰非常讲究。在她的身上看不到一般女人的珠光宝气和雍容华贵，只有朴素、淡雅和整洁。从少女时代开始，她就十分注重自己的衣着，但从不标新立异、哗众取宠，而是时刻保持朴素大方、干净整洁。大学的时候开始受雇于本迪斯公司。每个星期五的下午，她去参加政治活动的时候，都戴着老式小帽，身穿黑色礼服，脚上是一双老式皮鞋，再加上一个手提包，让她看起来显得更加持重和老练。曾经有人笑话她打扮保守，可是她却有自己独到的见解：这样的打扮可以在政治活动中取得别人的信任，建立起威信。她的衣服从不打皱，给人留下的是一种井井有条的做事作风，这一切对她以后的政治生涯都有

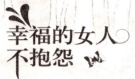
着至关重要的作用。

撒切尔夫人这样一个聪明的女人，怎么会不懂得什么是时尚呢？但是她没有刻意地去追逐，而是恰到好处地利用了"时尚"提升了自己的品味和地位。

开名车、逛名店不一定就是时尚，靠金钱支撑起来的外在形象注定不会长久，反而会更显庸俗。有钱而品味低俗的女人多了去了，女性的时尚和品味更多地来自于她生活的智慧，这样就能在潮流大战中，以不变应万变，自然中体现自己不凡的品味和风格。她那一颗丰富的头脑却是洞悉时尚本质的永久的资本。懂得时尚的女人，知道如何用智慧巧妙地打造自己的品牌。

量力而行，旅游不一定要去繁华之地

每逢节假日，总会有不少人或者成群结队或者独自一人，去风景优美的名胜之处，欣赏名山大川，或者去古庙之中，烧香拜佛。在这样难得的空闲时间里，好好放松一下自己绷紧的神经。

可是由于长期的都市生活，或者繁忙的工作，本是为休闲娱乐身心而安排好的出行计划，等到假期结束，却仍然会带着一身疲惫重新又回到既有的工作生活的轨道中来。旅行，是一件多么美好的事情啊，可以去很多繁华的地方，看平时难得看到的热闹和盛景，可是这些地方往往也会是人气的聚集地，很多人在同样的时间段去了同样的地方。最后不但没能让自己疲累的心得到放松，反倒会因为这次出游徒增很多烦躁和苦恼。仔细想一下，如今哪一个旅游景点在节假日到来之时，不是人满为患，人山人海？这样的时间，去这样的地方，不一定就能看到自己真正想看的。

然而，远足，与之比起来，却自由舒服得多。不一定非要等到长假来临，一个周末双休就能让你拥有不一样的体验。不一定非要千里万里，穿越赤壁荒漠，无论是中长距离，还是较短时间的徒步前行，说不定都能让你受益无穷。

不管你心情是好是坏，一个双肩包，一双运动鞋，带些干粮和水，在荒郊野外漫无目的地前行，也能让你领略到另一番风景。或许你所到达的地方，只是远离闹市的郊区，只是空无人烟的旷野，但是你可以对着天空大喊，对着大地狂吼，不用担心别人会怎么看你，怎么说你。那一瞬间，那特定的场景只为你特有。你可以对着风诉说你的困惑和委屈，可以对着水，撒下你的等待和希望。

H女士在广州一家公司做项目部主任，平时工作都是加班加点，很少可以过一个完整的周末。经过努力终于拿下了一个大项目，也如愿以偿地等到了一个期待已久的假期。和几个朋友一商量，决定来个徒步游。对大理的风光向往已久，只是一直没有时间去。这个假期正好可以弥补这个遗憾。

经过艰辛的长途跋涉，她和朋友最终完成了穿行云南的计划。回想当初，一切仍历历在目。一路走来，很多震撼人心的地方给H女士留下了很深的印象。看到了泸沽湖的秀美，和湖边居住的摩梭人和纳西族人在一起度过的短暂而又美好的两天。感受了"一望点苍，不觉神爽飞越"苍山洱海的传奇和至美。还有沿途遇到的那些人、那些事，都让久居城市的H女士内心深处有一种想泪流满面的冲动。可以说，这次的旅游经历让她对生活的看法变得更加坚定和顽强。

我曾做过这样的一个梦，梦中的我变成了一只鸟，一只来自天国的鸟儿，闲来无事，进行了一次天地之游。

我飞出天国的大门，在空中转了几个圈，才慢慢向前飞去。轻风吹拂着我，空气中荡漾着暖香的分子。我的心情好极了。

在我眼前出现了一座突兀的大山，顽劣的岩石与风沙雨晒固执地抗争着。苍凉的山顶上不见一丝绿色。我向着山腰飞去，想在那儿停一小会儿，梳理一下凌乱的羽毛，歇一歇疲累的翅膀。一种鲜亮的颜色刺激了我的瞳孔。原来在那半山腰杂乱的石堆中立着一株千年的古松。我有些震惊了。它竟然在这样的位置上站了那么多年。我能看到它突出的青筋在极力地向四周延伸、延伸。上帝曾对我说过，生命一旦出现，不论处于什么情势,什么位置,都要尽己所能展现生命本身的美丽。这株千年古松更让我相信了上帝的话是正确的。

我继续着我的飞行。黄色的沙粒被风卷起,我看不清眼下的景象。但那串悦耳的驼铃声告诉我有一支驼队正从我的翅膀下走过。他们载着的是人类的希望。上帝书中也曾提到过"骆驼是沙漠之舟"。是的,这只"舟"抛却世俗的繁华,独享风沙苦晒的袭击。它没有选择在凉风习习的水草丰美之地细细享用那固有的大餐。它没有能力在繁华的城市道路上与那一闪即逝的各色车流相比。但它唯独就因为把自己的位置定在了茫茫沙漠才发挥了生命应有的极致。

我把驼队甩在了后面,喉咙干得难忍。我向前飞,看到了一个池塘。从水面上吹来带着香气的风把我的饥渴劳累赶得无影无踪。满塘的碧绿,满池的清香。我知道自己赶上了荷开的季节。我又想起了上帝的案牍中有一段关于菡萏的自白:"我不是没有同现实抗争的勇气。命运既然把我安排在了这样的位置。我不会抱怨,不会后悔。出污泥而不染是我的本色,尽献满怀清香是我的追求。"

我继续在天地之中飞行着,不知过了多少时日,不知经历了多少黑夜白天。我飞越了天地之长,我穿越了四时变幻。

且不说,这个梦是什么时候醒的,但梦中所见的一切,以及梦中想的所有,想必每一个远足过的人都经历过类似的感受和心灵的震撼,只是一切都是事无两样心有别。旅游不一定要去繁华之地,远足一样可以洗涤身心。人生就像是一场远足,在漫漫长路中,多留意沿途的风景,用你的眼去发现美,用你的手去触摸世界,用你的心去聆听大自然,做一个快乐、会享受生活的女人。

不要总是把自己的想法在嘴上说说,在心里想想,总是找各样的借口,这样你的愿望就永远没有实现的那一刻,不要总是抱怨自己没钱,没时间,即便你去不了欧洲,看不到高耸入云的埃菲尔铁塔,看不到美丽的枫丹白露,去不了新马泰,去不了向往已久的繁华之地,但只要有心情,一样可以在近处,在你所经过的地方找到怡人的美景。

生活虽然很困窘，
但可以过得很温馨

人生的道路不会永远笔直平坦，其间有坎坷，有崎岖。我们无法预测灾难什么时候会降临，今天还阳光灿烂，或许很快就要面对阴霾重重的明天。作为女人，即便你没有国色天香的美貌，但你有一颗坚强的心，就足以应对明天的风雨。你有追求安逸舒适生活的权利和能力，也一定有穿行困窘驱走阴霾的力量。这样的女人像一朵花，可以开在温暖的四月，也可以在寒风中绽放最美的笑脸。

她没有金银珠宝的装饰，没有富丽堂皇的居室，甚至有时候一日三餐都有问题，但是她却能将生活烹调得有滋有味。

男人和女人结婚十多年了，每天，都能看到女人挎着篮子，里面装的是热腾腾的饭菜，给男人送饭，数十年如一日，从未间断。只要男人在那儿，女人的午饭从不缺席……

男人是家中的老大，从小学习成绩就很优秀，村里所有人都认为这孩子将来一定有大出息，老师父母也因为有这样的学生、儿子而自豪。高考那年，家里的农田遇上了旱灾，几乎颗粒无收。看着爸妈愁苦的面容，看着还不太懂事的弟弟妹妹，他把刚刚收到的大学录取通知书烧了个精光。瞒着家人去了外地打工，以此来贴补家用，供弟妹上学。然而一场事故让他永远失去了一条腿。灾难已成事实，生活还要继续。后来，附近县城的街道上就多了一个跛脚的修鞋匠。

对于一个老实本分的乡下人来说，这个修鞋的摊子就是他生活的全部希望。正是靠着每一针每一线的缝补，才慢慢积攒了把媳妇娶进家门的资本。善良敢于担当的男人一直认为能遇到同样善良而贤惠的女人，是天大的幸福。但是，由于自己的残疾而无法得到一份体面的工作，没有能力给女人一份富足的生活，让他一直心生愧疚。

这天，正是中国的情人节，七夕之日。男人在街头看着不同打扮的男男女女，抱着一束束的玫瑰，或者自己从未见过的巧克力，幸福地依偎前行。他忍不住叫住了刚好从身边经过的卖花的小姑娘，用那只沾满了油灰的手，颤抖着翻出了十块钱，买了一支鲜艳的玫瑰，然后藏在了身后的包里。

午饭的时间到了，女人像赴约一般如期到来。男人从背后拿出那支玫瑰，深情地送到女人眼前，说："这么多年来，不但没有让你过上什么好日子，反倒让你跟着我受罪……"

女人刹那间凝住了，嗫嚅地说道："花这钱干啥啊？只要我们在一起和和睦睦的，我就已经很高兴很满足了。"

女人跟着男人，没有过过一天锦衣玉食的生活，或许在她内心深处也无法确切地描摹出"幸福"究竟是怎样的一个东西，但是数十年如一日的恩爱，数十年如一日地风里来雨里去的送饭历程，就是幸福的最好证明。男人的修鞋摊不仅是维持生活得以继续下去的来源，更修出了两个人坚贞的爱和温暖。还有那一支玫瑰，不知道要用多少针多少线才能换来的十块钱，送到女人手中的不单单是那鲜亮的红色，更是夫妻两个笑对生活的见证。

我们相信，女人为男人做饭、送饭的路上，内心一定是快乐的，知足的。

其实，幸福很简单，幸福不在于你此时的处境，而是你此时的心境。内心充满乐观阳光的你，纵然身处积雪覆盖的深山，也一定能看到蓬勃生长的绿色。

对于那些淹没于钢筋丛林都市里的女人们，或许也会在日复一日、巨大的压力中难以舒缓，但无论如何，抛却那种随波逐流的匆忙，就算是身处困境，也没什么大不了，问清楚自己究竟想要什么，做自己生活的主人，而不是困窘的奴隶。当你学会了苦中作乐、以苦为乐的活着，那么你的生活也终将被你烹饪得色香味俱全。

让幽默点亮平淡的生活

社会虽然在日新月异的发展,但是很多人的生活却是数十年如一日,你是不是已经厌倦了这种一成不变的生活?是不是已经被这种日复一日、年复一年的工作生活的压力压的无法喘息,还有的人甚至曾有过种种逃避的念头。

当女孩渐渐长大,嫁为人妇,每天为伺候公婆、相夫教子而忙碌,若是一个标准的家庭主妇,那每天肯定少不了和锅碗瓢盆、油盐酱醋打交道。日子就这样在一天天的流逝中,化成皱纹堆上了女人的眼角、额头……或许你已习惯了这样的枯燥,习惯了这样的平淡,生活就这样在毫无生气中慢慢走过。

其实,每个人的生活说到底,并没有多少区别,重要的在于你用一种什么样的态度去对待,用什么样的方式去处理。心境不同,才会有不一样的人生。同样的事情,乐观的女人从中总是可以给人以希望、以动力,悲观的女人总是给人以消沉、以失落。只有幽默的女人,就算每天的生活平淡无奇,也能过得有声有色。

幽默可以缓解紧张的气氛,可以消减遭遇困境的痛苦。一个幽默的女人,对待生活一定是自信的、乐观的。只有当她对生活充满希望和无限憧憬的时刻,才会由衷地发出最真实的声音,最开心的笑容。一个有幽默感的女人,即使身处逆境,也能穿透迷雾看到阳光。幽默感反映了一个女人的生活态度和生活质量。

一位名叫 Carrie 的年轻女士花了将近一年时间,去筹划她的婚礼。她和未婚夫把婚礼安排在一个非常漂亮的宴会厅举办,邀请了 300 多位客人参加这次豪华的婚礼。为了把婚礼办得非常完美,她对每一个细节,比如客人喝鸡尾酒时用什么纸巾这类琐事,都要亲自把关。

婚礼进行得非常完美，直至那块非常昂贵的结婚蛋糕滑落在地。巧克力和奶油溅得满地都是。所有的客人都料定 Carrie 会失声痛哭。可让大家感到惊讶的是，Carrie 低头看看地上破碎的蛋糕，开始笑出声来，随后就幽默地对大家说道："嗨，我原来是想订一个可占这么大地方的香草兰蛋糕！"

Carrie 用机智幽默的语言化解了尴尬和紧张的气氛。当你的生活充满了幽默之后，你会发现即使面对不顺，你仍然可以自然地发出笑声，你甚至可以惊喜地发现，生活处处充满了喜剧色彩。

1.有幽默感的女人懂得为爱情保鲜，为生活加料

现实中的婚姻生活，大都从热恋时的轰轰烈烈和浪漫激情，渐渐归于了柴米油盐的平淡和安静，甚至还在夫妻之间产生一种疲倦和匮乏，而具有幽默感的女人往往能给平淡的生活注入一股鲜活的力量。

用幽默来化解夫妻间的摩擦和纷争。社会纷繁复杂，家庭矛盾有时候也是不可避免的。幽默感的女人遇到这样的情况的时候，往往使用一句幽默的语言就可以消散彼此间的尴尬，化解看似不可调和的矛盾。

2.用出人意料的幽默带给对方感动和温暖。

幽默感的女人在生活中总是时不时地找到一个送礼的好借口，而不仅仅限于生日、纪念日等特殊的日子。礼物不在贵重与否，而在是否用心雕琢。她能够时不时地给对方一个惊喜……

这种不经意的"幽默"却透着对对方特别的关心和爱，就算是平淡如白开水的日子，也能让这种女人"折腾"出各种花样和乐趣。

3.岁月让婚姻走向平凡，而幽默能让平凡闪现亮色，妙不可言

有着幽默感的女人必定是一个心胸开阔的人，这样的人在困难挫折面前，也能微笑面对，在这笑容中，我们可以感受到她的希望和坚强。懂幽默的女人必定是开朗自信的，她懂得与人分享她的喜怒哀乐，她有一个健康的心态。她不会斤斤计较，懂得与人为善。即使别人伤害了她，她也不会与人针锋相对，硬碰硬地拼个你死我活。一个幽默的女人，也是一个善良的女人，她用幽默和智慧的语言，赢得身边人的欢笑。

幽默闪烁着智慧的火花，是宽容的人格和乐观的性情的折射，能够化干戈为玉帛,可以穿透事物的本质,将沉重变得轻松,可以为平淡的生活加上可口的佐料。

每个人都有可能为繁琐杂事缠身,但是幽默感的女人懂得人活世上,要学会享受生活,而不仅只是承受寂寞和悲伤,要学会用幽默为自己平淡的生活增添一抹难得的亮色。日子可以稀松平常,心境却可以五颜六色,有幽默在,平淡生活也能色彩斑斓,妙趣横生。做一个幽默的女人吧,你的生活将会变得更加快乐和舒心。

幸福的女人不抱怨

第 3 章

不埋怨社会太冷漠，
热情和善意来自人与人之间的良性互动

　　或许你真诚的付出，换来的却是别人的误解和不屑，但这并不是你怀疑真善美的理由。人与人之间，可远，也可近。关键看你怎样去对待。有修养的女人拥有一颗博大的心，可以包容错误，可以承载伤害，她会尽自己的一份心冲淡冷漠，调动起更多人的热情，营造出美好的氛围。

总看别人不顺眼，
也许是自己的原因

我们每个人都生活在社会这个大家庭中，总会和周围的人打交道，离不开和同事之间的协作和交往，也难免会出现这样那样不和谐的音符。往往会因为一点小事就大动肝火，伤了和气，也伤了彼此。有人说过，一个人成长的过程就是不断抵制诱惑的过程，其实也是一个不断学会管理自己情绪的过程。

当你总觉得看别人不顺眼，看不惯别人的所作所为的时候，不要急着把错误推到别人身上，先反思一下，看原因是不是出在自己身上，看是不是自己的修养不够。一个优雅、成熟的女性一定也是一个有修养的人。

小娜是一个有几年经验的财务主管，她的未来目标就是成为总监。本来她的能力和实力都已经很强，可就是机遇不佳，去年，公司的一个主抓营销的副总离职了，论能力和资格，她都在销售主管之上，是首当其冲的人选，但是老总考虑再三，还是提升了销售主管。任命下来后，小娜一肚子的火，看什么都不顺眼，甚至萌生了不在这家公司干了的念头，下班后跟老朋友述说了自己的烦闷，朋友告诉他：忍耐下来，控制情绪，什么牢骚都不要发，也不要抱怨，静观一段时间，现在离职有些可惜。其实，老总心中也是千方百计想平衡关系，见小娜一句怨言都没有，更是觉得必须对她有个交代，于是，不久，便派小娜去了营销业绩最好的长三角分部，职位是副总兼分部经理。

可见，在职场中，控制力是很重要的，有很好的控制力，机遇也许就送上门了。职位的提升离不开自身素质的修炼，当机遇错过自己的时候，坚持、忍耐也是难得的良药。不管你是刚入职场的新人，还是业绩突出的资深人士，在职场能够控制好自己的情绪并适当的忍让正是一个有修养的女人所需要具备的素质。工作就是工作，不会像是在家里，发个小脾气，父母会忍让你，包容你。所以，转变好心态，控制好情绪，那么好运气的光顾也就不远啦。

世界上的事情都是千变万化的，俗语说的好，塞翁失马，焉知非福。因此女人们，在你刚进入一个单位工作时，委屈和心理不平衡是肯定有的，这时候棱角太锋利是容易吃亏的。要想破茧成蝶，就要去掉浮躁的心境，改掉抱怨的习惯，控制自己的情绪，这样才能峰回路转，在职场崭露头角。

很多时候，矛盾是很难避免的，但是激化的情绪和方法绝不是解决的良策。有修养的女人通常会用一颗包容的心，平和的方式解决问题，从而感化别人，帮助别人，也提高自己。她不会死死盯着别人的不足和自己作对照，她诚心地帮助别人改正不足，同时也虚心地学习别人的长处和优点。如果总是拿着别人的不足和自己优点相比较，总认为自己比别人强多少，能力大多少，越比自己的修养越低，只会让人慢慢看不起，自己也不会有什么远大前途。看看别人在哪些方面比你更优秀，在哪些方面比你做得更好。只有时时关注别人的优点和长处，你自身的修养才能在实践中慢慢提高，你才能得到别人的敬佩和尊重，你的威信才会在实践中树立的越高。

不断提高自身修养，容得下别人的短处，虚心学习别人的长处，才能营造一种和谐相处的氛围。每当你看别人不顺眼的时候，也许并非别人做错了什么，而是你自己没有足够的修养，没有足够的肚量，没有更高的素质所致。当你看到别人不如你的时候，你应当想想"看别人不顺眼，是自己修养不够"这句话，深刻反思一下自身修养是不是达到了一定的境界，自身素质是不是提高到了一定的层次，自身有没有存在更多的不足和缺点，自身是不是做到了心胸豁达和大度等等。

有修养的女人，富有教养，对人对事心平气和，待人接物能够替人着想，拥有一颗宽容、忍让、体谅的心。

有修养的女人不会无端嫉妒同性的美貌，不会在意那些无关紧要的小事，她有足够的能力和理由让自己快乐地度过每一天。有修养的女人不会太在意得失，不会用生气来惩罚自己，不会让灰色情绪蔓延于心。就像那个喜爱兰花的禅师，在外出前

幸福的女人不抱怨

交代弟子好好照顾寺里的兰花,可是有一天弟子却不小心碰坏了花架,摔碎了花盆。惊慌失措的弟子们等着禅师回来之后的责罚,等来的却是禅师出乎意料但却启迪人心的一句"不是为了生气而种兰花的。"

世界上没有一个人,每一天的生活都是晴空万里,一个有修养的女人懂得去寻找快乐,她不会为自己和家人设置心灵障碍,不会让琐碎的小事杂陈心头。

重视"照镜子效应",互相看着笑一笑

镜子,谁都不陌生,你面对镜子的时候,你微笑,镜子里面的人也微笑;你皱眉,镜子里面的人也跟着皱眉;你大喊大叫,镜子里面的人也大喊大叫……把这个现象应用到人际交往上也同样适合,一般说来,你对别人怎么样,反过来别人也会对你怎么样,你想要别人怎么对你,就要怎样对别人。

其实,这就是心理学上一个著名的原理,即"照镜子效应"。所谓"照镜子效应"就是指在人际交往过程中,我对待别人所表现出来的态度和行为,别人往往也会以同样的态度和行为给予反应,就好像我们站在镜子面前一样。所以人们喜欢的是喜欢自己的人,而厌恶的是厌恶自己的人。

世界上的一切都是相辅相成的。照镜子效应给我们的启示是,想让别人怎样对待我们,我们首先就要怎样对待他人。平等对待他人才能被他人平等对待,尊重他人才能被他人所尊重,赞美他人才能被他人所赞美,关心他人才能为他人所关心,相信他人才能为他人所相信,理解他人才能为他人所理解,宽容他人才能为他人所宽容,让他人高兴他人才能让自己高兴。

与人打交道时，我们发现自己的待人态度会在别人对我们的态度中反射回来，大多数敌人正是你自己造成的，你就会用友好的方式去对待他，友善地接纳别人，在你的感染下，他自然也会以友好的方式待你。

很早以前，一个偏远山区的村落里，住着一位小有名气的雕刻师傅，由于这师傅的雕刻技术不错，所以附近一村庄的寺庙，就邀请他去雕刻一尊"菩萨的像"。

可是，要到达那村庄，必须越过山头与森林。传说这座山"闹鬼"，有些想越过山的人，若夜晚仍滞留在山区，就会被一个极为恐怖的女鬼杀死。因此，许多亲人、朋友就力劝雕刻师傅，等隔日天亮时再启程，免得遇到不测。

不过，师傅深怕太晚动身会误了和别人约定的时辰，便感谢大家的好意而只身赴约。他走啊走，夜越来越深，月亮、星星也都出来了。这师傅突然发现，前面有一个女子坐在路旁，草鞋也磨破了，似乎十分疲倦、狼狈。师傅于是探询这女子，是否需要帮忙？当师傅得知该女子也是要翻越山头到邻村去，就自告奋勇地背她一程。

月夜中，师傅背着她，走得汗流浃背，于是停下休息。此时，女子问师傅："难道你不怕传说中的女鬼吗？为什么不自己快点儿赶路，还要为了我而耽搁时辰？"

"我是想赶路呀！"师傅回答，"可是如果我把你一个人留在山区，万一你碰到危险怎么办？我背你走，虽然累，但至少有个照应，可以互相帮忙啊！"

在明亮的月色中，这师傅看到身旁有块大木头，就拿出随身携带的凿刀工具，对着这女子，一斧一刀地雕刻出一尊人像来。

"师傅啊，你在雕什么啊？"

"我在雕刻菩萨的像啊！"师傅心情愉悦地说，"我觉得你的容貌很慈祥，很像菩萨，所以就按照你的容貌来雕刻一尊菩萨！"

坐在一旁的女子听到这话，顿时哭得泪如雨下，因为她就是传说中的令人恐怖的女鬼。

多年前，她只身带着女儿翻越山头时，遇上一群强盗，但她无力抵抗，自己被奸污，女儿也被杀害。她无法消除内心的悲痛，纵身跳下了山谷，化为"厉鬼"，专在夜间取过路人的性命。

可是，这个满心仇恨的女子，万万也没想到，竟会有人说她"容貌很慈祥、很像菩

43

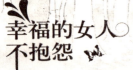
萨"!刹那间,这女子突然化为一道光芒,消失在月夜山谷里。

当你友善地接纳别人,真诚地帮助别人的时候,你的人际关系也能变得和谐,那些本来怀有恶意的人,也不会再对你造成伤害。相反,如果你处处提防别人,就算没有恶意的人在你眼中也会变成了有恶意的了。很多时候,你用什么样的态度对人对事,对待生活,生活也会以怎样的状态回报你。

一个小男孩受到母亲的责备,一时气愤就跑出家门,来到一座大山前,他对着山大喊:"我恨你!"这时候山谷传来同样的声音:"我恨你!"小男孩很吃惊,百思不得其解,过了一会儿,他的气消了,想起母亲平时对他的种种关心和照顾,心里很后悔,于是就对着山谷喊道:"我爱你!"和上次一样,山谷也传来相同的声音。

其实,生命就像是一种回声,你送出什么,它就会给你送回什么,你付出什么,就能收获什么。你对别人友善,别人也会对你友善,你想和别人真心地交朋友,就要付出自己的真情实感。

生活中有很多女人,抱怨自己过得不开心,人际关系危机,环境危机等等,下一次当你在为别人的不友好而抱怨的时候,看看是不是自己也拉长着一张脸对别人?

小乔刚刚毕业去了上海,和别人合租在一套房子里,之前从没有离开过家,生活起居基本上都是家里人照顾的,她根本就不用费什么心。但是如今与人合租,由于生活习惯等的不同,大家彼此之间也产生了矛盾和争执。有一位室友每次习惯把垃圾放在门口,有时候到了第二天、第三天才想起来把垃圾带下去,小乔很是看不惯,但是怕得罪了对方于是不知道如何开口。

后来,小乔想出来一个办法,她主动帮室友扔垃圾,并且每次都像开玩笑似的说出这位室友的不良习惯。对方看到小乔的友善和诚意,也意识到自己的不良习惯影响了整个宿舍的卫生环境,渐渐地也改掉了这个坏毛病。

很多时候,你的一个不经意的微笑可以带给别人温暖如春的感觉。当你面对一个很久不见的老朋友,一个真挚的微笑就可以让彼此重温旧时的美好,面对一个曾经和你有过纠葛的人,一个友善诚意的微笑,说不定刹那间就可以让你们冰释前嫌。

每天的生活也一样,你给生活一个笑脸,生活也会还给你一种欢乐。对着花儿笑,你会发现花儿开得更加灿烂。

女人不是彼此的天敌，别吝啬对同性的赞美

自古以来，女人之间的相互嫉妒、飞短流长，往往多于男性之间，我们会发现那些抱怨和同性关系难处、是非太多的人，大多又是女性，这除了女人本身的心胸之外（并不是所有的女人都是心胸狭隘的），还有很多说不清楚的复杂的原因在其中。

女人通常视同性为天敌。正像一则笑话所讲：两对男女迎面走，男人看女人，女人也看女人。女人一般不把男人看作对手，所以，女人的敌人最终还是女人。女人吝啬对女人的赞美，女人轻蔑自己的同类。

其实女人间轻松相处的最简单的方法就是适度赞美自己的同类，比如"你今天的唇膏颜色真漂亮"、"这身衣服配你，真是再合适不过"。

同在一家公司工作的小刘和明月素来不和，小刘觉得明月是在故意刁难自己，见了自己不是冷冰冰的就是阴阳怪气的。小刘想，这样的人就是再聪明能干，也没人愿意理她。

有一天，小刘忍无可忍地对另一个同事琪琪说："你去告诉明月一声，我真受不了她，请她改改她的坏脾气，否则没有人会愿意理她的。"从那以后，明月遇到小刘时，果然是既和气又有礼，不但不再说冷冰冰的刻薄话，反而有时还称赞小刘。小刘向琪琪表示谢意，并惊奇地追问她是怎么说的。琪琪笑着跟小刘说："我对她说：'有那么多人称赞你，尤其是小刘，说你又聪明、又大方、人也温柔善良。'仅此而已。"

一句简单的赞美，就轻易地化解了两个女孩子之间的矛盾，由此可见，赞美的力量是非常强大的。如果我们能注意培养自己赞美别人的习惯，那我们在社交中一定

会更受欢迎。

赞美别人虽然是个好习惯，但在赞美别人时也要注意一下技巧，有些女人不懂得赞美的技巧，常常是一不小心弄巧成拙。

某公司有位董小姐，她不但长得漂亮，也很会说话。她的上司是个很优雅的女士，很会搭配衣服，稍一动手就变出很多看似一套套的新衣服。而那位甜嘴巴的小姐却成为了这位上司的苦恼。因为，每天早上一到公司，对方那种令人不舒服的赞美就涌入耳中，"哇！好漂亮啊，经理！又买新衣服了对不对？颜色好漂亮喔，穿在您身上就是不一样。"隔天一见面，又来了："呀呀呀，又换了一套新的，很贵的吧，穿上您身上真合适，我就缺这个本事，不像您如此会打扮。"不仅如此，她还习惯当着客户"赞美"上司，说辞几乎都是："在我们经理英明的领导之下，我才有今天的成绩，好多人都问我跟我们经理多久了，其实也没多久，但是经理大人大度，肯教我嘛，对不对？"

后来，上司终于被她过分的"赞美"和不诚的眼神弄烦了，把她调去管理资料，眼不见为净。董小姐的赞美就很有问题，给人感觉太做作，老套又没有赞美到点上，因而不但没获得经理的青睐，反而被调得远远的。

赞美要自然、顺势，不必刻意为之，过于刻意会显得"另有所图"，可能对方不领情，反而弄巧成拙。此外，也不必用大嗓门赞美，这反而变成酸葡萄，有挖苦的味道了！最好是私下向对方表明你的看法，这种表示方法也比较容易造成双方情感的共鸣。

对于不一样的女人，赞美的时候也有不同，也就是说赞美要看对象。对喜欢漂亮的女孩子你就要赞美她的打扮；有小孩的母亲，最好赞美她的小孩，"慈母眼中无丑儿"，赞美她的小孩"聪明可爱"准没错；工作型的女孩子除了外表之外，也可赞美她的工作绩效……

我们每个人都需要赞美，赞美会让对方心理上得到充分的满足。赞美作为一种交际行为和手段，它的作用在于激励人们不断进步，能够对人的一生产生深刻的影响，能够沟通人与人之间的感情。

在现代人际交往中，是否会恰当地赞美他人已成为衡量一个人交际水平高低的标志之一。因此一个人是否具有良好适度赞美别人的习惯，也往往决定了他能否能建立一个成功的交际关系网。

每个女都希望自己能受人注目,若想获得一个女人的好感,适度的赞美是必要的,让她知道你是她无需设防的人,你真心把她做朋友,你不会同她争风吃醋。

不吝啬对同性的赞美,是一种胸怀,也是一种美德。一个浑身洋溢着热情的女人,再加上几句对同性赞美的话语,她的魅力瞬间就会大幅度提升。女人对女人真诚的赞美,可以消除彼此的怨恨和误会,也能让自己变得更加受欢迎。

温和的请求比指责更有效果

"天下莫柔弱于水,而攻坚强者莫之能胜。"水集柔弱和坚强于一体,滴水穿石,靠的是坚持、毅力,更有柔弱中渗透着的不可抵挡的力量。

自古以来,"女人"和"水"似乎就有着诸多相通相似的地方。一双水汪汪的大眼睛闪烁着善良和灵气,女人是水做的骨肉,望穿秋水,温柔似水……

大家都深有体会,在与人交往的时候,大家都喜欢听"软话",而不喜欢被人命令的感觉。而会说"软话"的女人懂得如何用温和的请求让对方改过或者答应自己的要求,这样所收到的效果要远远好于命令式的指责。

露露和张元已经结婚三年了,露露是个爱干净的女人,每天都会把家里收拾得一尘不染。张元人不错,就是有些习惯不好。张元婚前过惯了无拘无束的生活,也养成了一身的臭毛病,这种毛病还延伸到了婚后,并有变本加厉的趋势。露露最受不了的就是他每天一下班就会把鞋子、袜子丢得满地都是,然后就一个人窝在沙发上舒舒服服地拿着遥控看电视。一开始,露露也没说什么就主动将这些乱七八糟的东西收拾了,洗了。然而时间长了,她有些不耐烦了,于是就不断抱怨和指责起丈夫来,起初,张元还会象征性地改改,后来就干脆置之不理。有时,遇到两个人心情都不好的话,还会因为这样一件小事而争吵起来。后来露露换了一种态度,用商量和请求的语气跟丈夫"探讨"这个问题,在两个人的共同监督和努力下,张元这种包括乱丢鞋袜在内的大大小小的几个臭习惯也改了不少。

有人说,男人有时候就像是孩子,你对他凶,他可能怕你但不一定听你的,而你的鼓励和温柔则能让他甘心被俘。

一直以来,女人都信奉"以柔克刚"。对于大多数男人来说,女人的温柔是最有效的武器,他们甘心把自己的剽悍消融在女人的柔情里。以柔克刚是一门艺术,也是智慧。女人的温柔和善解人意还有缓解危机的作用。很多尴尬紧张的局面、很多形势危急的关头都在柔情似水女人那里得到了最有力的化解。她的温柔曼妙,用心良苦可以让男人自惭形秽,深深触动,从而心甘情愿地为之改变。

当你的指责带来的是无尽的伤害和苦恼的时候,何不换一种方式?温和的请求或许比指责更有力更得法!像水一样,看似无形却有形,温柔中透着不可阻挡的力量⋯⋯

是他太无能,还是你对他的 一个错误抓住不放

很多聪明的管理者都从中总结出这样一个职场规则:领导要了解员工的过去,但是要对过去的错误区别对待,不能抓住一个错误不放。生活中,也有不少人,对于别人的错误死死抓在手中不肯松手,这是最愚蠢的行为,要知道抓住别人的错误不放,就是自己在犯错。

感情生活何尝不是这样呢,当你张口抱怨男人无能的同时也将自己推进了万劫

不复之地。很多时候，你的抱怨是你的攀比和虚荣心在作怪，是你抓着对方的错误不肯放手。

看到过这样一个故事，在战争年代，人们都慌忙带着家人孩子逃离这座城市，在逃难的船上，有一对年轻的夫妻，男的长得文质彬彬，女的穿着旗袍，怀里还抱着一个正在吃奶的孩子，后面还跟着一个女佣人。

一路上，那个女人都低声唠叨着什么，刚开始的时候，男的一声不吭，低头听着，突然间，那男的站起身，说："你要是再说，我就跳河了。"女人一听，也站了起来，气愤地说："你吓唬谁呢?我还怕你跳不成?你跳啊，跳啊!""嘭"地一声，那男人就真的纵身一跃跳到河里了。女人哭天喊地，船工拿了一根竹竿来钩，哪里还有踪影!女人跺着脚叫停船，可是船上的人都反对，因为飞机在天上飞，大家在逃难。可怜女人急得昏死过去，醒过来，手拍船舷，哭着说：我的天啊，我不怨你了，你回来吧!后来问了那个女佣人才知道原来女人怪男人没出息，跟人合伙做生意全赔了。

女人的抱怨亲手结束了一个和自己最亲的人的生命，还有什么比这更悲哀的呢?如果一个女人总是抱怨男人无能，这对他来讲无疑是一种致命的打击，没有什么比被自己最亲爱的人抱怨更难过的事情了。

夜已经很深了，小徐的妻子还穿着睡衣在沙发上无聊地看着电视，一边打着哈欠一边等着小徐回来。过了凌晨了，小徐才跌跌撞撞地回到家里，满身都是酒气。小徐的妻子终于忍不住了："我说过多少次了，不准喝酒，你到底干嘛去了，非给我说个清楚不可。"就这样你一句我一句，两个人争得不可开交，一怒之下，小徐伸手打了妻子一巴掌……后果可想而知。

有很多女人总是习惯揪着老公的小辫子不放，这样的纠缠和固执没有任何意义，到头来很可能是两败俱伤。如果小徐的妻子能换一种心态，换一种态度，结果就会大不一样。

同样是一个爱喝酒、爱放纵的男人，在婚后不久却像变了一个人似的。一个自由散漫的人竟然变成了一个恋家顾家的好男人。这都源于他的背后有一个宽容的女人。

每当他当深夜酒醉回家的时候，心里总是免不了一份内疚，只是平时习惯了这样的生活,一时很难改变,但是每一次女人都没有埋怨他,而是默默地帮他放洗澡水,拿睡衣,挤牙膏……他虽然表面看上去平静,但是心里却更加的感觉内疚。有一次,凌晨四点,他大醉而归,又怕吵醒她,一个人躲在洗手间里抱着马桶不停地呕吐。突然,房间的灯亮了,她悄悄地走了过来,在她的眼里男人看不见一丝的埋怨,却是无尽的担忧,那一瞬间男人惭愧的无地自容,把头埋在马桶里,不敢去面对她。

女人慢慢的蹲在男人的身边,轻轻地拍着他的背,温柔地说:老公,我倒了一杯牛奶放在茶几上了,你记得喝啊……"也就是从那个时候起男人就暗暗发誓,再也不会让自己的太太一个人孤独地等到天亮。

能够用一颗宽容的心接纳犯错的人,是一种智慧,更是一种胸怀,这样的女人是大度的,是通情达理的。因为她们懂得宽容的背后有着心与心永久与纯洁的承诺。宽容地面对生活,面对人生,才会使自己拥有一个平静从容的生活,才能使自己活得更轻松、更洒脱。

她们更明白,家是讲情的地方,而不是讲理的法庭。只有用爱营造幸福,用情化解矛盾,面对亲人给你的误解和伤害,在彻骨的伤痛之后,仍要艰难地选择宽容。宽容你的爱人,只要彼此的感情没有偏离原则的轨道。

那种看到男人发达就欣喜发狂,看到男人倒霉就埋怨抓狂的女人,那些抱怨男人无能的女人,在你致命的话语没有说出口的时候,想一下你们在交换戒指的那一刻曾许下的诺言:"今后无论贫穷与富有,无论卑贱与崇高,无论美丽与丑陋,无论年轻与衰老,无论健康与疾病,我都会和你在一起,与你相伴走过一生一世……"

懂得感恩，与人形成温暖互动

"感谢有你，伴我一生，让我有勇气作我自己，感恩的心，感谢命运，花开花落，我一样会珍惜。"一首《感恩的心》不知道打动了多少人的心，触动了掩藏于心的温暖和感动。有人用歌声抒发着感恩的情怀，有人用行动实践着感恩的壮举，其实，仔细观察，感恩无处不在。受人滴水恩，定当涌泉相报，是感恩；学有所成，回报乡里，是感恩；不计前嫌，不抱怨现状，而用宽容之心对待一切，是感恩……感恩能让贫穷成为富有，能让废墟开出鲜花，犹如鲍尔吉·原野所说："就像善良是浇灌心灵的水，感恩者因为感恩而洁净，心灵由此饱满与生长。"

一个懂得感恩的女人，必定有着乐善好施，勇于助人的品格，在接受别人帮助的同时必定不会忘记知恩图报。当你怀着感恩的心态工作和生活时，你的人际交往会更和谐，心情也会更愉快。很多时候，点滴小事也能让我们感受到感恩带来的融洽和欢愉。

有一次，在公交车上，一个妇女抱着小孩好不容易挤上了车，却发现早已经没了座位，或许是因为当时没有多少人注意所以也就没人让座。一位年轻人见状赶紧站了起来，但是妇女和这个人又隔着一段距离，于是售票员就说："小朋友这边来，这位叔叔想给你让座。"没想到小孩的妈妈径直走了过去，一屁股坐下来，对那个年轻人看都没看一眼。年轻人顿感不悦，心想，好心给你让座，竟然这样的态度。售票员见状就逗小孩说："小朋友，刚才叔叔给你让座，快谢谢叔叔。"小孩立即说道："谢谢叔叔。"那位妇女像是突然醒悟过来似的，忙不迭地不好意思地说了好几声"谢谢"。让座的年轻人心情也立即多云转晴，一路上还不时逗小孩开心。

小孩的妈妈意识到自己的不当之后立即表示了歉意和谢意，并且因此也化解了

幸福的女人不抱怨

当时的尴尬，很多时候，简单的"谢谢"俩字，就是懂得感恩的具体表现。要明白，不要把别人对你的帮助想成是理所当然的事情，感恩图报是一种良好健康的心态，懂得感恩能更为有效地促进彼此感情的交流，可以与别人形成温暖的互动。当你怀着强烈的感恩之心对待任何一个你应该回报的任何人和事时，你也将会得到更多。

在一个闹饥荒的城市，一个家庭殷实而且心地善良的面包师把城里最穷的几十个孩子聚集到一块，然后拿出一个盛有面包的篮子，对他们说："这个篮子里的面包你们一人一个。在上帝带来好光景以前，你们每天都可以来拿一个面包。"

瞬间，这些饥饿的孩子仿佛一窝蜂一样涌了上来，他们围着篮子推来挤去大声叫嚷着，谁都想拿到最大的面包。当他们每人都拿到了面包后，竟然没有一个人向这位好心的面包师说声谢谢，就转身走了。

但是有一个叫依娃的小女孩却例外，她既没有同大家一起吵闹，也没有与其他人争抢。她只是谦让地站在一步以外，等别的孩子都拿到以后，才把剩在篮子里最小的一个面包拿起来。她并没有急于离去，她向面包师表示了感谢，并亲吻了面包师的手之后才向家走去。

第二天，面包师又把盛面包的篮子放到了孩子们的面前，其他孩子依旧如昨天一样疯抢着，羞怯、可怜的依娃只得到一个比头一天还小一半的面包。当她回家以后，妈妈切开面包，许多崭新、发亮的银币掉了出来。

妈妈惊奇地叫道："立即把钱送回去，一定是揉面的时候不小心揉进去的。赶快去，依娃，赶快去！"当依娃把妈妈的话告诉面包师的时候，面包师面露慈爱地说："不，我的孩子，这没有错。是我把银币放进小面包里的，我要奖励你。愿你永远保持现在这样一颗平安、感恩的心。回家去吧，告诉你妈妈这些钱是你的了。"她激动地跑回了家，告诉了妈妈这个令人兴奋的消息，这是她的感恩之心得到的回报。

感恩，是一种生活态度，不一定非要大恩大德才能得到感谢，更是一种善于发现和欣赏的道德情操。以坦荡胸襟和开阔的胸怀应对生活中的种种酸甜苦辣，发现平凡事物的美好。

人生不可能一帆风顺，一个人在成长和成熟的过程中，难免会受到不同程度的伤害和阻碍。当你的真诚换不回来等同的回报，请不要怨天尤人。请坚信，每一次伤害都是对你人生的洗礼,每一种困境都是一种崭新生活的开始。

感恩在困境中帮助过你的人,是他们让你坚定了信念。感恩在顺境中忠言提醒你的人,是他们帮你校正了航向。感恩打击污蔑你的人,是他们让你知道正人先正己。生活需要一颗感恩的心来创造,学会感恩,就能摒弃阴暗自私的欲望,心灵将会变得澄澈明净,怀抱一颗感恩的心去帮助那些需要帮助的人;懂得感恩,就能变得宽容,不再抱怨,不再计较;懂得了感恩,就能尽情地去享受付出之后带来的快乐。

懂得感恩是获得幸福的源泉,在生活中,如果我们每个人都不忘感恩,人与人之间的关系会变得更加和谐、更加亲切。不管成败得失,常怀感恩之心,努力改变可以改变的,接受一切无法改变的,不为过去掉眼泪,活出真正的自己。心怀感恩的女人,周身都散发着亮丽的光芒。常怀一颗感恩心,她时时刻刻都能品尝到幸福的滋味,她会更加珍惜生活中哪怕是点滴的美好。感恩之心,就像雨露亲吻花朵,清香扑鼻,像阳光抚摸溪水,恬静、美好。

幸福的女人不抱怨

第 4 章
不抱怨付出太多,
回馈也许在未来而不是现在

不要抱怨你的付出没有带来相应的回报,无论你付出的是感情、是努力、还是具体的物质,追求立竿见影的回馈都是不现实的。主动给予,是一种明智的、积极的交往方式,在这种交往方式中,由"吃亏"所带来的"福",其价值远远超过了所吃的亏。我们的付出会形成一种社会存储而不会消失,回馈在未来而不在现在。

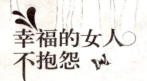
与其计较得失，
不如比别人多做一点

时局动荡，茶路不通的时候，乔致庸一行人，历尽千险万难，终于从武夷山成功贩茶归来。按常规来讲，每个茶砖都是以一斤为标准的，然而他嘱咐茶农将每个茶砖都做成一斤一两，并且将茶砖卖给别人的时候，仍然按照一斤的重量收银子。表面上乔致庸是吃亏了，然而对于这眼前短暂的得失，他根本就没有放在心上。而是实打实地做着自己的买卖，因此顺利地过了各大商家的斤斤计较、分毫必争、故意找茬的关口，也为自己赢得了忠实的客户。

其实，比别人多做一点，给别人的永远比他们自己期许的更多，并且用心去做，往往能让你更快地走向成功。

很多人都认为只要把自己的本职工作做好就可以了。对于老板安排的额外的工作，不是抱怨，就是不主动去做。这样的员工，搞不好连饭碗都难保住，更不要说获得升职加薪的机会了。

生活中，难免要与人打交道，有交往就难免会有得失，想避免是不可能的。但对待得失，却有不同的态度。高明者，可以化怨气为祥和，退一步海阔天空，为自己赢得似锦前途；愚笨或性急者，则可能事事纠缠不休，闹僵起来，结果往往会更糟。

工作中，常见一些女人时刻惦记着自身利益与人相处，而不是从工作本身出发，对个人的得失计算得十分精细。对自己有利，或者看得顺眼的同事，在工作上就会配合对方。要是看不惯的同事，就懒得与其配合工作。这样做的结果，对自己是非常不利的。

过分计较个人的得失的人会给人斤斤计较的印象，让自己处于孤家寡人的境地，结果因小失大，不仅在人际关系上陷入了僵局，生活和事业也因此而受困。

小苏大学毕业，到了当地一家最大的广告公司上班，工作之后才发现在学校里学的那些东西在实际工作中很少应用得到，又加上没有经验，有时候别的同事无端将责任和任务推给自己，所以办事效率很低，因此常常受到公司的指责和处罚。对于这些，小苏没有为自己做任何争辩，仍然努力地工作着，最终成了公司的骨干。试想，如果当初小苏为一时的得失或者责罚耿耿于怀，就很难沉下气埋头苦干，更难有这样扬眉吐气的出头之日。

在职场上，常常会有这样的情况发生，你和别人一样按部就班的工作，该做的工作你也都做了，可却总是默默无闻不被重视，被升职加薪的好事也久久不来光临，可是总有一些人在工作上能够很快脱颖而出。

甲和乙同时进入公司，资历相当，两年以后甲被升职，乙原地不动，乙很是愤愤不平，就去找经理讨个说法，经理知道他的来意就心平气和地对他说，这样吧，你先去帮我办一件事情，去市场看看有没有卖土豆的。乙不明其意但也照着去做了，很快他从市场跑回来告诉经理市场上有卖土豆的。经理又问，市场上有几家卖土豆的?这个乙倒是没留意就又跑去市场，回来报告说有两家。不料经理又问，这两家的价格是多少，乙第三次跑到市场问明了价格，一家是两毛一家是三毛。经理不再问了，叫来了甲，同样是叫甲去市场看看有没有卖土豆的。甲回来以后对经理说，市场上有卖土豆的，共有两家，价格分别是两毛和三毛，这是两家的样品。经理满意地点点头，甲离开以后经理问乙现在你明白了吧，乙这才恍然大悟、心服口服。

事实上要想在竞争中胜出，在工作中仅仅做到全心全意、尽职尽责并不足以使你脱颖而出，你还应该比自己分内的工作多做一点，比别人期待的更多一点，多为你的老板你的客户着想，如此才可以吸引更多的注意，给自我的提升创造更多的机会。成功的人永远比一般人做得更多更彻底。比别人多做一点，你才有可能胜出。

比别人多做一点是一个良好的习惯。这种主动是一种极珍贵、备受看重的素养，它能使人变得更加敏捷，更加积极。无论你是管理者，还是普通职员，"每天多做一点"的工作态度能使你从竞争中脱颖而出。你没有义务做自己职责范围之外的事，但

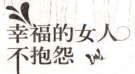

是你却可以选择自愿去做，来驱策自己快速前进。

聪明的女人，从此刻起停止你的抱怨，不要再为无谓的得失斤斤计较，从身边的琐事开始试着比别人多做一点，养成一种习惯，这样的习惯将会使你受益匪浅。一般来讲，每个人的工作内容相对比较确定，并不一定有许多"分外"之事等着我们去做。我们所需要的只是比别人多一份责任、一份决心、一点敬业的态度和自动自发的精神。不要再找所谓的借口来搪塞，而是努力让自己成为卓越者。你需要付出相当的代价才能让自己变得更强壮；如同你想跑得更快、跳得更高，也都需要付出代价一样。一个成功的推销员用一句话总结他的经验："你要想比别人优秀，就必须坚持每天比别人多访问 5 个客户。""比别人多做一点"，可以助你从平庸迈向卓越。

总是把心思放在损失上，才是真的损失

泰戈尔曾说："如果你因为错过太阳而哭泣，那么你也会错过了星星。"在生活中抗争后，哪怕满身疮痍，也该把无奈沉入心底。不能舍弃别人都有的，便得不到别人都没有的。会生活的人失去的多，得到的更多。"

博士正在给学生们上实验课，他拿着一瓶牛奶走进来把它放在桌子上，沉默了好一会不说话，学生们不知道发生了什么，只是静静地等待着。忽然博士一巴掌将那瓶牛奶打翻在了水槽中，同时还大喊了一句："不要为打翻的牛奶哭泣！"然后让学生们到水槽前看："我希望你们永远记住，牛奶已经淌光了，不论你怎样后悔和抱怨，都没有办法再取回一滴。你们要是在事前加以预防，那瓶牛奶还可以保住，可是现在晚了。我们现在所能做到的，就是把它忘记，然后注意下一件事。"

的确，牛奶打翻已成事实，怎样补救都无济于事，它不会因为你的眼泪而重新聚集到瓶子中，无论你怎么哀伤、遗憾，除了劳心费神、分散你的精力之外，没有一点好处。

有一位大婶搭公交车去市里，往常车子是很多的，但是那天却很少，等了好一会不见有车来，才听说公交车改道了，于是就又去新改的站台去等，可是因为赶得不巧，她后脚刚到，要等的那辆车前脚就开走了。好在车也不算难等，过了几分钟，又来了一趟，急忙上去，正巧遇到一个熟人。一路上都在和这个熟人喋喋不休地抱怨着自己如何错过车子、错过了多少趟等等。

那时节，正值初春，路两旁一片新绿，暖风夹着野花淡淡的香味从车窗外飘进来。而这位大婶根本无暇享受这样的美景，因为她全部的心思都灌注到了自己"错过"的经历上。

莎士比亚说："聪明的人永远不会坐在那里为他们的损失而悲伤，他们会很高兴地想办法来弥补他们的创伤。"

一心惦记着错过的美好，越想越是不甘，但是过去的事情已经过去，过去的一切是无法重写或者挽回，因为时光不会倒流。对于过往，不能尝试着放下，一味地自责或者懊恼，只会让自己前行的脚步更加沉重，因为你背负了太多的包袱。

曾经，你也经历过很多坎坷与曲折，也做错过很多的事情，也曾因为错误而失去过一些美好的东西，可你大可不必再去为那些已经成为过去了的不可能会改变的错误时时懊悔和折磨自己。如果能换位思考，它们就变成了财富，因为人生之路就是在不断学习、不断进取中延伸的。我们每天都要去面对一些新的事物，每时每刻都要面临新的挑战。如果能在以后的日子里，避免再犯同样的错误，那么就能避免损失，战胜挑战，那么我们也就拥有了更多美好的时光，拥有了更多美好的事物，生活也将更加美好更加幸福了。

把心思放在损失上，哪还有时间和精力为未来筹划呢？如果我们为打翻的牛奶哭泣，却忘记了其实你还拥有每天都可以挤出新鲜牛奶的奶牛，这和向往远在天边的玫瑰园而根本没有注意到盛开在自己窗口的牡丹一样悲哀，可总是有不少女人不能及早领悟到这一点，白白错失了很多美好的事物。

其实，生命中不管你遭遇什么都不会是最糟糕的，然而一旦你把全部的心思都集中到了自己的不幸和损失上，才是人生最大的不幸和损失。

打翻的牛奶，让我们懂得了岁月不会再来一遍，再多的懊悔也不能收回流进下水道的牛奶，光阴如箭，不容后悔。既然没有办法改变既定的事实，就从过去的错误中汲取教训，在以后的生活中不要重蹈覆辙，要知道"往者不可谏，来者犹可追"。

眼睛盯着错误，盯着失去，又怎么能看到失败背后的成功呢？但时光不会倒流，重新来过，只存在于你美好的幻想当中。无论是谁，因为过去发生的事情而损害了目前存在的意义，就是在毫无意义地损害着你自己。沉湎于遗憾之中，就很难领略近旁的鲜花，感受不到温暖的阳光，因为你的眼睛里只有损失和懊悔。

无论什么时候，别忘了告诉自己，把心思放在损失上，才是真正的损失。这样的愚蠢只会让你错过更多奋起直追的机会。

人生之路，不可能万无一失。不管是工作还是生活，都有做错事情，做错选择或者因不够努力而遭到失败的时候。我们不清楚，这一辈子我们会打翻多少杯牛奶，会错过多少辆车，然而聪明的女人是绝对不会用悔恨和自责来惩罚自己的，她们能够在失败时微笑，也定会从失去中收获！

不怕被利用，就怕你没用

当你被公司、工作上的各种问题搞得焦头烂额甚至心力交瘁的时候，是不是也曾抱怨过："为什么什么活都让我干？"其实，如果你平复一下几乎愤怒的情绪仔细想一下之后，你应该由衷地感到庆幸。为什么？为什么老板会把这个交给你而不让别人去做？是因为像别人所说的"欺负新来者"？可"我"不是新来者啊！其实，就算是，就算是领导故意整你，你也可以把它当作一种锻炼、一种磨砺。事实上，你还有足够多的理由可以往更好的方面去想，那就是，这一切正说明了你存在的价值。你的这种价值正是在不断的忙碌中，在不断地为公司创造价值的同时才能体现。

不怕你被利用，就怕你没用。的确，那些怀才不遇的人多是不能为公司掏真功夫干事的人，而那些不发牢骚而又能踏实为公司做事的人，才是公司老板需要的人，才是有利用价值的人。因此，被人"利用"，也是自身价值的一种体现。因为，你是员工，被"利用"就是唯一选择。即便是老板，也有可能被更大的"老板"所"利用"。

相信很多人在应聘的时候，都遇到过这样一个问题——有工作经验者优先。因为更多的经验能够为公司带来更多的效益，一个公司给你开高额工资，首要条件是你要能帮这个公司创造更多的价值，带来更高的效益，不然公司靠什么给你开那么高的工资呢?实习生之所以工资很低，就是因为他给企业带来的效益很低。

如果你的工资涨了，一定是因为你能给公司赚更多钱了。如果你一个月只给公司挣来了一千块，那么你的月薪是无论如何不会高过九百的。

芳芳毕业之后到了北京，在人才众多的招聘会上，找到了一个可以安身立命的工作机会。但是由于公司和住的地方很远，每天五点半起床，中间要倒两次车才能到上班的地方。或许是因为那个公司是刚成立不久的，人手不多，一个人往往要干好多活。但是芳芳始终坚持一个原则，就是只有是自己能做的就努力去做，对于老板毫不客气地扔过来的那些原本不是一个人所能干得完的活，也都任劳任怨地完成。就这样一个月过去了，芳芳只拿到了900块钱，但是第二个月就到了1600，第三个月就到了2000。

事到如今，谈起那段往事，芳芳都充满着无尽的感激之情，正是那第一次被"利用"的第一份真正的工作才给了她成长的平台。

有一批服装学院的准毕业生找到某羽绒服生产基地要求实习，可是，不论这些实习生怎么宣扬自己会怎样努力，在学校表现怎样优秀，厂家都不肯接待。因为实习生没有经验，很可能不仅不能带来经济效益，反而造成没必要的原料损失，对厂家来说，这是很不划算的。不过，后来，他们终于征得了这次实习的机会。这是一个领队女讲师的功劳，她对经理说，这些学生虽然现在没有经验，但是，有很多新颖的想法，在设计方面很有创意，说不定能帮助羽绒厂引领时代潮流;再者，这些学生在实践中增

幸福的女人不抱怨

加了经验，可以继续为企业做贡献，为企业提供新的血液。这位女讲师用自己的智慧为同学们争取来了这样一个难得的实习机会，是因为她能够让对方从自己的话中感受到这些学生还有利用的价值。

认清自己，摆正思想，为自己能够成为一个可以被人利用的人而庆幸。当你清点行囊，发现自己在别人眼中的分量日渐加重时，说明你的价值也在日渐提升。有时候你的用处决定着你的人际关系，你越是有用，那么就越有利于你建立起强大的人脉关系网。

有一个30岁的未婚女青年曾这样感慨："我的另一半应该在天平的另一边，我有多重他就会有多重，我有多少价值他就有多少价值，所以我要先提高自己的价值，这样我才能找到一个同样价值的老公，我对丈夫的要求就是我对自己的要求。"仔细想下她的话，还是有一番道理的。再想想俞敏洪老师的那句名言：很少人能和与自己地位相差太远的人建立真正的人脉关系。

想要在社会关系中有所作为，必须要提升自我，让自己有被利用的价值，否则一切都是白扯。现实的职场有谁会浪费大量时间去结交一个毫无利用价值的人呢？聪明的女人不会抱怨现实的残酷无情，她会努力地让自己变成一个可以被人利用的人，一个有用的人才会在别人不断地利用中一步一步实现自己人生的价值。

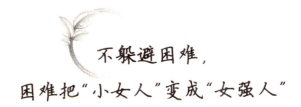

不躲避困难，
困难把"小女人"变成"女强人"

人的一生不可能永远一帆风顺，风浪打击都是在所难免，挫折沮丧都是理所应当的。然而有的人在困难面前会抱怨不迭，甚至一蹶不振，有的人则能坚强应对，重整旗鼓,最终阔步向前。

如今的社会,女人和男人一样拥有了更多的权力和地位,在推动社会发展的进程中有着举足轻重的作用,然而困难面前人人平等,社会不会因为你是女人就会让你免遭挫折苦难。面对困境,没有躲避,而是用自己柔弱的双肩扛起了艰巨的任务。

曾经有一位下岗工人,目睹了公司从红极一时到濒临倒闭的过程,在种种困境之下,从没有接触过管理工作的她却接下了公司的管理工作,担当起了挽救企业命运的大任。她就是后来被评为优秀民营企业家、渝南片区塑料编织行业的领跑者范利华女士。

接手之后才发现,企业面临的最大困难就是"失血过多"。范利华利用硫铁矿提供的 1000 吨煤炭援助,开始着手经营企业。当时,煤炭销售市场疲软,范利华就骑着自行车,碰上拖拉机的话就搭上一段,四处兜售为企业"输血"的"救命煤"。烈日暴晒、风尘疲惫,推销中范利华舍不得喝一口水,舍不得吃一顿饭,心头想着的就是:不管多苦多累,我要救活这个企业,别让兄弟姐妹们下岗。500 吨煤炭终于销出去了,换来了 3 万余元的"救命"资金。凭借这点资金,工厂机器的轰鸣声终于响起。工友们的脸上,终于露出了久违的笑容。

"换血"后的企业在范利华和工友们的努力下,境况日渐好转。范利华以为和工友们已经趟过了难关,跨过了沟坎,再不会面临下岗的危险,从此可以大干一场了。

但谁也没有料到,2001 年,企业由于硫铁矿资不抵债宣布破产倒闭,范利华和 87 名工友一道,成为无班可上的下岗工人。"辛辛苦苦当'孩子'一样经营的企业,一夜之间倒闭停产。兢兢业业辛勤工作的 87 名工友,一夜之间断粮断炊,他们可是上有老下有小,今后的日子还怎么过呀!"范利华在责任面前,在 87 双满含泪水的眼睛面前,再一次被逼上了风口浪尖。

面对企业严峻的形势,范利华无暇顾及那些"女人不能干大事"的闲言碎语,四处奔走,八方求援,一千、两千、三万、五万……她找遍了所有的亲戚朋友和银行,招来了很多冷言冷语和白眼,终于筹集了 35 万元,买断了塑料公司产权。范利华用自己的名字命名,创办了新的公司。对企业怀着深厚感情的老员工们,听到消息后,纷纷回到了原来的工作岗位,重新找回了一度失落的欢声与笑语。

幸福的女人不抱怨

经商难，女人经商更难。范利华一面抓内部管理和生产，一面外出跑市场和销售。没人知道范利华究竟吃了多少苦，受了多少累。一次到贵阳、遵义、黔江、彭水等地跑市场，范利华一呆就是 20 天，商场应酬、旅途劳顿一下子让她瘦了 10 多斤；一次长途押运产品，汽车出故障，寒冷的冬天里，在前不着村后不着店的荒郊野外范利华做了整整一天一夜的"山大王"；一次为了催款，范利华不得不藏起女人的本性，违心地扮演"泼妇"的角色。

一分耕耘，一分收获。企业在全厂员工的努力下，终于有了生机，在市场经济的激烈竞争中站住了脚跟。但范利华明白，市场经济犹如逆水行舟，不进则退。特别是同行业其他大厂家的技术和管理，永远是企业无时不在的威胁和危险。范利华上浙江、下成都、跑重庆，反复考察，多次论证，投资 25 万元，对生产线进行全面技改，全面推行联合制袋和第三代圆织编织新工艺，并先后在设备上投入了 110 万元，使企业的技术水平一下子跃居同行列前列。

经过几年的励精图治，范利华的企业年产值达到了 826 万元，年销售收入实现 966 万元，年创税收升至 50 万元。

就是这样一位普通的女人，面对困难，她没有束手就擒，而是用坚强和勇气勇敢挑战，挑起了这千斤重担，演绎了自己绝不放弃的精彩创业历程。

一个坚强的女人，遭遇变故，不会躲避，就算是肝肠寸断，也会打碎了牙齿往肚子里咽，只有极力让自己振作起来，才能走出生命的黑暗。

如今漫步大街，你会发现到处都有身穿职业装自信穿梭在人流中的"女强人"们，她们早已经不再是掂着三寸金莲颤颤巍巍挪动脚步的小女人了，也不再是唯唯诺诺跟在男人后面委曲求全的小女人，她们迈着自信而坚实的脚步行走于男人之间，她们有了自己独立的经济，可以按照自己喜欢的方式生活，她们可以和男人平分秋色，她们能够让男人用羡慕的目光刮目相看。

女人有了自己独立的个性和社会地位，女人可以和男人一样立足于社会，在事业中坚定果敢，聪慧敏锐，领导着一大批的男人们经营着自己辉煌的事业。女人一样可以居高至上，在商海的风口浪尖破浪前行，表现自己的勇敢与坚强。

古人云："人生在世，不如意事十之八九。"生活中人人都会遇到不顺心的事，都会有突然跌落低谷，在逆境中挣扎的时候。同样的环境下，有的人能把无数次的打击当作一种磨练，一种让自己更加坚强、更加成熟的人生机遇，并冲出逆境重新崛起；而有的人却因为懦弱只能在逆境中悲观、消沉，一天天地萎靡下去。只有那些在困难面前没有退却、没有逃跑的"小女人"，坚持着、奋斗着，跌倒了，再爬起来，才能成为生活的强者，才能牢牢把握自己生命的航向。勇敢面对苦难的小女子，犹如开在风雨中的玫瑰，柔情而壮美。

弄明白"加薪"和"加业务"的先后次序

我们周围不乏这样的女人，刚走上工作岗位，就希求有很高的薪水很好的福利待遇，也有不少女人总以为自己的付出没有得到应有的回报，于是，为自己受到的这种"不公正"待遇抱怨不休，以致工作起来也没了当初的激情和动力。

因为名字里含有"chun"的字眼，大家习惯喊她为莼菜。莼菜一开始在一家公司做前台工作，任务不重却很繁琐。后来正好有一个机会，她就被换到行政部上班。在换岗位之前，老板本来是和莼菜谈过加薪的事情的，但是在行政部工作了几个月，也没等到加薪变成现实，工作量好像也远比以前在前台多了不少。莼菜一直因为这个加薪事件弄得寝食难安，她始终认为，她目前所得的薪水远远低于自己的付出，低于自己所做的一切。她在内心里，一直抱怨，老板没能兑现当初的承诺。终于有一天，莼菜忍不住了，就找了一个机会，直接向老板摊牌了，结果可想而知，不但没有成功，还破坏了在公司中原本不错的形象，甚至差点丢了饭碗。

莼菜的做法无疑是愚蠢的。遇到这种事情，不是先反思自己，而是理直气壮地去找老板理论。要知道，没有任何一个老板会无故放弃自己加薪的承诺。虽说，群众的眼睛是雪亮的，但是老板如果没有一点知人善任的本事，他也不会轻易坐到他所处的位置。

一定要弄明白加薪和加业务的关系。你能够拿到足够多的薪水，就意味着你能完成相应的任务，能够为公司创造相应的财富或者价值。

在人们的观念中，女性总是被披上温柔的外衣，不管是工作再出色的女强人，也要在诸多方面努力保持低调的作风，使自己的行为方式和自己理想中的女性形象相吻合。即使是那些很有能力的女人，在性格和作风上，总会有其女性特征的痕迹。女人较之男人要柔和的多，正因为这样，当女性主动向老板提出或者问询加薪问题的时候，总是不如男人提出这个问题那样容易让人接受。

那么，职场女性，如何才能将自己的想法和要求得到最合适的满足呢？

重中之重就是，给老板一个足够的"理由"，让他看到你的努力，看到你实实在在的业绩。当你的付出和你所做的成绩大于他当初的期望的时候，想不给你加薪都难。因为聪明的老板会想法留住你这个人才。他会用提拔、涨工资或者发奖金的办法，激励你下一步做出更大的成绩。

在此基础上，有以下几个技巧或者说是注意事项，可以参考。

1.对自身有一个全面的评估。

不管你目前在企业的资历如何，首先对自己做一番全面的正确的评估，看看自己最近完成了哪些项目，为公司做了多少贡献，然后再去考虑，这些贡献和现在获得的报酬是否匹配。看看自己在工作中是否发挥了全部的能量，是否尽心尽力了，自己的能力是否已经到了极限。看自己所处的地位是否为企业的关键部门，自己的职位是不是与企业的核心部门或者核心项目紧密相连。当明了上述一番评估之后，对于加薪的要求能否实现，就可以有一个大概的预测了。

2.对当前的大环境做出评判

加薪的要求除了考虑自身的因素之外，还要对企业效益、所处行业的前景以及国家的经济发展等等这个大环境做一个通盘的考虑。因为每个人的薪金待遇除了个人的业绩、能力之外，还要受方方面面的制约和影响。在提出加薪之前，还需要明白企业薪酬制度有什么具体要求，对不同部门、职位有何不同规定等。

3.掌握合适加薪时机

首先,要察言观色选择适宜时机。在企业某项业务进展不顺、自己所负责的项目做得不好、老板正被企业的某件大事而烦的时候去谈加薪问题是很忌讳的。切记,在企业业绩下滑、大幅削减员工奖金甚至冻结薪金时,要求老板加薪有如"虎口拔牙"。而在企业近期业绩大有增长,或者自己刚完成的大项目给企业带来不少利润时,则可提出加薪要求。

其次,要了解企业加薪的规律与制度。一般企业每年 10、11 月就开始进行业绩评估、考核,根据考核的结果在年终岁初进行职位、薪酬等各方面的调整。因此在评估结果出来之后,如果自己的业绩不错,发现有加薪的空间,可以以能力和业绩为资本向老板提出加薪,这样做成功的概率要大得多。

4.变通:从其他方面获得与加薪等值的回报

增加奖酬的方式是多样的,不一定非要直接增加工资,如果老板不同意直接加薪,不妨考虑一下其他变通方式来为自己争取更多利益,比如交通费、餐贴、休假、灵活的工作时间、培训、分红、股票期权等,或可请求把加薪转化为职业发展机会,转到更适合自己或更重要的岗位,或要求参与较大的项目以全面提高自己能力等。这些虽然比不上加薪直接,但从中也能获得不小的收获,含金量也不小。

5.克制:保留今后立足发展的余地

万一加薪要求被拒,先别垂头丧气、急着调头就走,要礼貌地追问老板自己哪些方面做得还不够,怎样进一步才能达到加薪的要求?以让老板在了解自己的同时,对自己产生信任和好感。若老板建设性地列举你有待改进之处,那这些将是你将来的工作目标和发展空间,就得谨记在心,及时改进,以作为下次提薪的筹码。

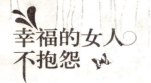
"美女"的身份，
不是你获得额外照顾的理由

美丽的女人走到哪里都是一道亮丽的风景线，总能吸引更多的眼球。人们对于美女总能给予更多的关心和照顾。然而总是不乏漂亮的女子仰仗着自己的美貌对别人盛气凌人、颐指气使，恃美傲物和恃才傲物一样不招人待见。

一个不善于利用自身优势，或者是将优势用错了地方的女人，是可悲的。

王小梦和周芸毕业于同一个学校。两个人最大也最明显的区别就是，王小梦是全校的校花，身后总是有不同的男孩追求，而周芸只是一个相貌普通得不能再普通的女孩，但是学习踏实，成绩优秀。两个人在同一个宿舍，王小梦的光芒让周围的所有女生都黯然失色。宿舍的电话每次响起，大都是找王小梦的。在那样一个渴望浪漫的年龄，周芸在像公主一样骄傲的小梦身边寂静地生活着。

这样的环境，让王小梦自己也不由得觉得天下的男人对她好，那是理所应当的，谁让自己长得这么沉鱼落雁呢？久而久之，也变得虚荣和浮躁，做什么都无法静下心来。然而每次考试，分数都和周芸的相差无几。每临大考，就算是不怎么复习，她也总有办法弄到那些好学生的答案，这也为平时"仰慕"这位大美女的成绩好的男生们提供了一个大献殷勤的绝好机会。

说来也巧，在毕业之后的一次企业招牌中，周芸和小梦应聘了同一家单位。只是最后的面试结果是，对方单位从小梦和周芸这两个人中选择了后者。经过了解，才知道，当时主考官看到小梦的时候，眼前的确也为之一亮，但是在经过几番的考察和提问之后，他们觉得小梦远远没有和来自同一个学校的周芸更为踏实、各方面的素质也更适合那份工作。更可笑的是,小梦在回答主考官的问题时,还总是时不时地拿以前参加选美得了冠军的陈年旧事说事。

小梦的淘汰,是给"美女"的一个教训。女人拥有比别人优越的先天条件,但这绝对不是你获得别人认可、得到更多照顾的通行证,也绝不是你走向成功的护身符。很多时候,如果没有"实实在在的内涵",美也只不过是一个毫无意义的外壳罢了。

不管什么时候,女人不要太拿自己的美丽当回事。一个女人生得美不要紧,要紧的是自己太把自己的美当回事儿了,不肯以平常心看待自己的美,生怕辜负了自己的花容月貌,这就有点麻烦了。

其实,对于一个女人来说,仅有美是远远不够的,容颜易老,再美的姿色也不若天际一颗流星,转瞬即逝。花朵虽美,终会凋零,花瓶很美,却很容易破碎。因此,一个美女还要有如珍珠般美丽而坚强的内心和品质,百折不挠,这样才能无坚不摧,无往而不胜。要不,你拿什么来捍卫你的美呢?

再看看那些职场中的美女吧,常常在不知不觉中陷进因为漂亮所以优越的误区。

从心理上看,男女对于成就感的需求各不相同,驱使男性追求成就感的心理关键是竞争,女人的动机却是社会的接纳,女子只要漂亮贤慧就能被社会所接纳的观念至今仍有市场。

美丽似乎总能助职场女性一臂之力,职场美女的身边总少不了献殷勤的男同事,甚至上司都会对她们另眼相看。然而,美丽的职场女性同她们的职业能力却处在一个尴尬的境地:当她们事业有成的时候,人们总是将成功归功于她们的容貌,她们的工作业绩在人们的眼里会因为长得美丽而大打折扣。因此,职场美女想在事业上成功会因为美丽而付出更多的代价,因此行走职场的美女一定要注意以下几点。

第一,不要给人以爱耍小性子的感觉。在事情忙不过来的时候,人们通常都会闹情绪,女性更是偏好"嗔怒"。这其实是一种很不好的习惯,别因为"嗔怒"而让同事认为你做事缺乏统筹安排甚至会怀疑你的工作能力。美女一定要注意,即使工作再忙,也要注意说话的态度,不要让同事误认为你是倚仗美丽而"爱闹别扭"。

第二,降低说笑音调。在办公室里很多人很是反感美丽女性在说笑时发出的尖

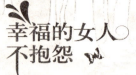

锐声和娇嗔状。因为他们会认为你是借此引起人们对你"美"的注意。他们即使口头不说，内心也会看不起你。因此，职场美女应时常注意自己是否有这样的不足，应努力做到有则改之，无则加勉。

第三，不要给人以"花瓶"的印象。美女的工作能力通常都被打折扣，因此，作为职场美女的你除了适当地展现女性温柔的一面外，千万要想方设法展示你理性、坚强的一面。要让你的男同事和上司明白，除了美丽，你还有聪明的大脑和完全可以胜任工作的能力。

第 5 章

不抱怨男人太自我

职场竞争不存在"*Lady first*"

　　和绅士在一起,永远能享受女士优先的待遇,但是女人要明白一点,职场上大家都是平等的。不抱怨男人的强势,不抱怨职场竞争的激烈, 女人像个女人一样去生活, 才能看到自身的优势;像个男人那样去战斗,才能为自己赢得真正的财富。

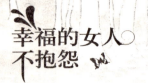
别对对手怨怼，
对手是促使你成长的人

　　曾听有人抱怨自己所处环境不如人意，高手如云、对手林林，哀叹自己追得疲惫，活得心累。我倒为这种人感到庆幸，如果他们能够摆正心态，这些对手真的可以成为他们成功的催化剂。如果你确实认为自己没什么对手可言，毫无疑问，这种人要么是自高自大、唯我独尊之人，要么乃平庸之辈，慵懒至极。

　　人的成长需要有对手的刺激，有了对手的刺激，人的潜在的能量才会被激活。没有对手的人则屈于安逸的生活亦缺乏生长的蓬勃活力，人若一辈子这样行走是一件很悲哀和不幸的事情，他的一生也会在平静中悄然走过，留下很深的遗憾独自舔尝。一路走来平坦顺畅，也就少了挣扎、努力、奋斗的姿态，很难体会到不断向上成长的喜悦。但是对手的存在，却能让你的生活更加丰富有滋味，能够让你更清醒地认识自己的不足，激发你前进的斗志。

　　小婉毕业之后，顺利到了一家不错的公司工作，虽然薪水不是很高，但是她很珍惜这个机会，跟领导和同事之间相处的也相当融洽。为了能多呆上一段时间，多积累些经验，多学习点东西，她每天都很认真地工作着。这天，老板突然宣布为了公司的发展，决定裁员。原以为，自己平时的表现不至于成为裁员的对象，然而却被经理的一个亲信挤掉了。小婉知道这个消息后，很不是滋味，打心眼里恨这个顶替她的对手。

　　生活还是要继续的，小婉开始去找新的工作，她惊喜地发现原来自己的实力和经验还可以找到比原来公司好得多的单位和职位，她如愿以偿地找到了更好的工作。如果不是当初这个对手的排挤，相信小婉还在原公司继续扮演最底层的角色。

其实，小婉这样还是算比较幸运与顺利的，在职场上，很多都是针尖对麦芒的面对面地争夺，还有很多你一下子根本就无法认识到的对手，在背后虎视眈眈地注意着你，不知道什么时候就会给你重重一击。竞争是残酷的，在职场打拼，如果能够碰到配合得天衣无缝的好搭档固然幸运，若是遇到势均力敌的对手也更为难得。一个称职的对手，像一块磨刀石，能让你在疼痛中赢得锋利。从对手那里，我们可以看到自身的不足，可以更好地提升自己，我们还有什么理由不感谢对手的存在呢？

相信每个人对竞技场上的争斗并不陌生。在经过可以说是惨烈的恶斗之后，胜利者或者跪倒在地，或者双拳紧握，或者对着场下的观众，挥动着双臂，但是他们脸上的笑容都是一样的灿烂，他们的眼睛里甚至有泪水流下来。为什么？因为，只有赢了最想赢而又最难赢的对手之后才会有这样的"享受"。

肯定有不少人听过这样的故事。山中有一樵夫，每天走到一山崖处必定返回。有一天，他走的仍是那条老路。正欲起身返程之际，却忽觉脑后一阵冷风吹来。回首一望，一只饿虎正向自己扑来。他没了思考的余地，拔腿就跑。可是除了前面那处断崖之外，他已无路可走。不知是什么力量，当他跑到断崖前纵身一跳时竟奇迹般地跨了过去，安全地来到了与山崖相隔的另一座山上。有谁会想到，这个年过半百的老夫靠什么挽回了自己的生命呢？正是那只虎，欲取他性命的对手，给了他为自己残弱的生命奋力一跑的能量！看来，对手可以激发你潜在的机能。

著名的精神学家林德曼在驾驶独木舟，横贯大西洋的冒险活动中，也曾遇到了让自己甚至望而却步的对手。这茫茫大海，那波涛汹涌，还有那激流险滩，无一不是自己生命的对手。可是他一次次地在心底告诉自己："懦夫，你想葬身此地吗？你一定能成功！"这种面对绝境不绝望的精神状态让他成功穿越了死亡之地。其实也正是那曾经冲击自己生命的对手最终成就了他的卓越。

史铁生，一个耳熟能详的名字，它代表着生之倔强与生之辉煌。可是，当人们看到他的成功的花环时，又如何能忘掉他曾有的辛酸、迷惑与苦楚呢？用他自己的话说是："老天爷，在我活到最狂妄的年龄时，忽地让我残废了双腿……"对于一个涉世未深的血气方刚的青年人来说，这无疑是生活硬塞给了他一个强大的对手。这个对手

幸福的女人不抱怨

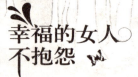
给过他自卑,给过他烦闷,给过他极度的困惑,给过他对人世的厌恶和对生命的绝望,可也正是这个对手最终成就了他不朽的文学生命之路!

不要因为对手的存在而苦恼,这可能就是你实现自我完善的契机;不要因为对手的存在而沮丧,这可能就是命运之神对你的眷顾。面对对手,改正自己的态度,端正自己的思想,善于把来自对手的竞争压力转化为迎接挑战的动力,不要用鲁莽的行为去排斥、诋毁他们,那只会让你在现状的安逸中止步不前,会被对手击倒,正视对手,用一颗积极的心去感谢对手。历史的长河造就了无数的对手,没有对手,社会便会停滞不前。在与对手心态平和的较量中赢得的将是互利的进步,在与对手激烈的竞争中得到的是社会的进步,人类的文明也会滚滚向前。感谢对手,因为无论是在逆境之时,还是在顺境之日,它都能让你永存生命的亮色,永现生命的活力!

别人不会赋予你价值, 你必须自己做招牌

如果说人生本无意义,未免太过悲观和不现实。其实,人生的意义原本如一张白纸,它价值几何,要靠你自己去涂画。别人不会赋予你任何价值,只有那些善于抓住机遇,为自己做招牌的人,才能放飞理想的翅膀,穿越天空海洋。

被人们称为"打工皇后"的吴士宏,1985 年离开了原来的护士职业,进入 IBM 打工,走进这家世界最大的信息产业公司并在 12 年后成功地出任 IBM 中国销售区的总经理。没有任何的成功是预先准备给某个人的,只有预先做好一切充分准备的人才能得到这份成功。那一段过往,至今道来,她所经历的犹如凤凰涅槃的苦痛挣扎不会比任何一个不幸的人少。

一场奇怪的大病打乱了她原本计划好的一切。病床上的四年，是她与死神病痛搏斗的四年，是她身心备受折磨的四年，人的一生没有数不清的四年等着你！

病愈后的吴士宏，决定参加高等教育自学考试。她决心用自己的努力把耗费的四年光阴补回来。用自己的不顾一切的努力去拼搏。她从头开始学英文，花一年半拿下了大专，吴士宏感觉最深的两个字是"真苦"！她每天挤出 10 个小时的时间用在学习上，自考文凭考下来了，她最得意的是"赚"回了点时间。

学业完成后的吴士宏因一个意外的机缘到了 IBM。其实，能够到 IBM 工作，跟她主动把握机会是分不开的。为了面试时的一个承诺，她自己花钱买了一台打字机，不分白天黑夜地去练习，用了短短一星期的时间，奇迹般地练出了专业打字员的水平！她如愿以偿地进入 IBM 之后，身处一群无比优秀的团队中间，感到了巨大的压力。但是吴士宏是一个进取心非常强的人。她不断地学习、充实、超越自己。她拼命努力学习一切相关的东西。她开始做销售的时候，感觉到专业知识是第一大障碍，"培训毕业只是个模子，要把客户的具体要求套进去再做出方案来，非常困难！"在这过程中，吴士宏给自己定下了要"领先半步"的目标，不把自己累到极点就觉得不够努力，对不住自己。她在办公室里晕倒过，吐过血，犯过心绞痛；还专门在抽屉里备着闹钟，一个星期总有几次熬到凌晨两三点。就这样，在付出了辛苦和心血之后，吴士宏终于发展了第一个大客户。

1994 年，吴士宏去了 IBM 华南公司，她在那里带起了一支队伍，她与之一起成长，一起做出了辉煌的业绩。

病痛袭来，她没有埋怨自己遭遇的不幸，而是勇敢地用拼搏和坚强为自己铸造了一面金光闪闪的招牌。当面临渴望已久而又近在眼前的机遇，她没有因为某些条件的不具备而放弃，而是利用了一切可以利用的资源，将自己的状态发挥到极致。

在如今这个人才辈出、竞争日趋激烈的时代，机遇是不会自动找上你的，只要你敢于表达自己，吸引对方的注意，并用不懈的努力打造属于自己的招牌，学会醒目地亮出自己，你就能得到更多的机会。

懂得变通的女人，大都是把握机会的高手，她们不会怨天尤人，只会尽己所能大步向前。她们不会等待别人的援助，不会坐着苦等机会的到来，因为她们善于为自己

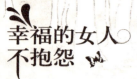

打造招牌，制造机会，开创出一个光辉灿烂的前程。因为她们懂得，任何时候，别人都不会赋予你价值，只有你自己。

一家老字号的店牌，让人老远就能看见它的身姿，向过往行人昭示着自己的实力，赚取更多的眼光和资本。那么聪明的女人，你的招牌呢？

如果你把自己定位于"公主"，那谁愿意做"侍女"呢

在童话故事中，美丽的公主等着英俊的王子前来搭救，她们的使命无非就是做好自己的公主，别的一切琐事自会有人打点。然而，现如今，这些停留于童话世界中的人物也流落到了职场上。职场"公主"的特征一般是心理年龄较小，有着过高的自信，在任何场合都希望自己有公主般的待遇，不言而喻，这种人有着明显的自恋倾向。然而在遇到困难的时候往往选择逃避，做错了事情还希望别人能够为自己买单。

作为同事，"公主"们自恋并不是罪过，对她们臭美、自大的举止最多是一笑而过，最怕的是她们工作上不负责任。

常常会听到"公主"们不断地抱怨，"这个手提电脑太重了，可以帮我拿一下吗？""这样的项目好枯燥，我不会做，还是你做吧。""这么大老远的地方，公司不派车过去吗？那我去不了。"

广告设计公司的老板刘先生碍于朋友的面子，同意让小舟到自己的公司上班。可是令刘先生大为苦恼的是，小舟既不虚心向前辈学习，还捅出了不少篓子。有时候看到自己喜欢的项目，以为靠着自己在学校的时候接触过类似的工作，就想当然地

打包票说自己完全可以应付，结果她在设计过程中不但得罪了客户，还死活不肯向对方道歉，最后竟然撒手不管，就像什么事也没发生一样，刘先生没办法只好找别的员工去跟进。遇到不喜欢的项目，就是同事怎么暗示想让她帮忙，她也会躲得远远的。同事们私底下都向刘先生投诉，表示不愿意再带这种如此嚣张的新人。

不管你是职场新人，还是不知道因何种关系刚刚走马上任的女主管，时刻把自己定位在"公主"或者决策者的位置上，以为自己可以目空一切，可以对别人颐指气使，这样的人就算不会被淘汰，也永远不会深得人心。

就算她们能够制作出完美无缺的策划；虽然她们的铁腕也使自己能够在竞争中开疆破土、勇往直前，甚至无往不胜；虽然她们的冰颜可以使自己的下属安分守己、如履薄冰，但是她们冰冷的外壳、盛气凌人的架子使她们疏远了自己的团队，使自己变成了空中楼阁或孤家寡人，成了一个无兵可带的将军，一旦硬仗一起，即使她是一位女战神，仍会陷于"好汉难敌四手，饿虎害怕群狼"的境地，最后可能会落得一败涂地。

成功的女主管，不是用高高在上的姿态来压服手下众人，也不是用怒喝来纠正下属的错误，她们虽然非常重视职场的原则，但是在执行原则的过程中，却不缺乏灵活性。

成功的女主管，应该是一个自信而不张扬、不霸气的女性。她们超越男人，而不是把男人踩在自己的脚下，是让自己像他们一样在职场上自由舒展、平等竞争，和自己的下属共同缔造一个和谐的团队。

她还应该是一个宽容大气的女性，职场上的工作方式是多种多样的，只要符合工作规则，她们不会对自己的下属指手画脚、说长道短，让他们无法施展自己的所长。

她能够包容别人的习惯，懂得尊重别人的选择，认同别人的工作方式，肯定自己下属的能力，毫不吝啬地夸奖自己的下属。

作为管理者，你端起了架子，就等于拿着一把锋利的"双刃剑"。在处理工作上的问题时，强硬的态度既会伤着别人，也会伤害自己，更会给工作带来不必要的麻烦。

柳杉杉是一家公司的部门经理，在公司中素有"冰山美人"之称。因为在她的意识中，上司和下属之间应该保持一段距离，否则下属会利用你的温柔和仁慈，跟你没大没小，很难管理。而且身为女性主管不严厉些，更容易被男性利用和欺负。

久而久之，她的下属一方面佩服她的冷静、干练，另一方面又十分厌她做事的冷硬和霸道，更没有人敢在没有紧急事情的情况下去敲她办公室的门，因为没有人喜欢被她的冷言冷语给"冻伤"。

一个新来的女孩，并不熟悉她的工作作风，在做完企划案后，兴冲冲地敲了她办公室的门，其结果是仅仅有些小瑕疵的企划案被她扔给了女孩，并说，没有成型的东西，没必要拿给她这个主管看，她的时间很宝贵，没有时间来收拾"垃圾"。

女孩哭着跑出了办公室……

结果，她的专制导致了部门内部的业绩下降，上面为她配了一个副手——赵柔。

新来的员工赵柔用女性特有的温柔缓和着办公室冰冷的气氛，但是在工作上，她又处处跟柳杉杉产生争论，让柳杉杉感觉自己的权威受到了威胁。

在一次加班中，赵柔问她："今天为什么要我们集体加班？"

她冷冷地说道："没有为什么，我是主管，我叫你们加班就得加班，问那么多干什么？"经过几次这样的情形之后，赵柔觉得在盛气凌人的柳杉杉面前她无法开展工作，于是向上级反映了情况。

柳杉杉知道后，十分生气地质问自己的下属，是愿意跟着赵柔，还是愿意跟着她？下属们没有说话，而是把目光投向了赵柔。

柳杉杉像一只斗败了的公鸡，垂头丧气地递上了辞呈。

管理者不是单打独斗的江湖侠客，而是一个相互合作的团队的领导人，你盛气凌人、藐视一切，只会令自己陷入孤军奋战的境地。

在一个团队之中，没有绝对的权威，因为每一个人都各有所长，大家只有互补，才能发挥出团队的最大力量。而作为管理者，你如果把自己置于至高无上的地位，就无法看清自己的真正优势，也丧失了与人合作的基础。团队因此丧失了向心力、凝聚力，你也就丧失了团队的中心位置。冰山式的外表、命令式的说话口气不会使你重新获得管理者的威严，而只会让你的下属跟你背道而驰，越走越远。

更多时候，职场是以工作效果来说话的，在这样的舞台上，从本质上来讲，任何一个生命都不会比另外一个生命尊贵多少，扪心自问，你有多少资本可以让你真正地当上"公主"？又有哪个会真正心甘情愿地被你"奴役"？不管是说话还是做事，没有谁会喜欢你的趾高气扬。低调做人，高调做事永远不失为聪明女人行走于人生或职场江湖的护身符和有力武器。

认识到自己的优点，
善于推销自己

如果能拥有广博的学识，卓越的技能，是你攀登向上的基础，但是如果你不懂得推销自己，就如深巷中的酒，虽是百年陈酿、香味浓郁，但也很难卖得好价钱。今日非同往昔，竞争之激烈、发展之迅猛，已非常人所能想象，善于推销自己的人，仍然可以在人才济济的潮流中脱颖而出，将自己的优点和价值发挥到极致。

女人要想在前进的路上不做掉队的大雁，不做眼看着别人翱翔蓝天，而自己只能躲在角落里郁郁寡欢、怨天尤人的旁观者，就要懂得推销自己的重要性，要深谙推销之道。一位著名的心理医生曾说过："你要推销自己的第一个对象，就是你自己。"推销自己是一种才华、一种艺术。当我们学会推销自己的时候，也几乎具备了推销任何有价值的东西的前提和基础。善于推销自己，可以争取主动，从而获得更多的机会。

思思，是一个努力的女孩，每次考试，成绩都名列前茅，但是也许是受父母很早离异的家庭环境所影响，她养成了孤僻的性格，很少与人交流。毕业之后接着就去美国读 MBA，离校之后顺利地进入了美国一家大银行工作。但是，不久她就发现，不管她上学的时候有多聪明，也不讲她在美国已经拿到了令人艳羡的工商管理的学位，但是她都很难成为一个成功的领导者，因为她当众演说的能力不行。她的 MBA 在校成绩不错，唯一的缺陷是专业陈述不出色。银行当时录用她，是希望让他通过银行各部门轮流工作的经理选拔项目而改进自己。由于在国内受教育十几年从来没有受过任何专业陈述的培养和指导，加上她性格比较内向长相也一般，平时也不怎么跟人交流，这些都严重影响了她的心理以及在众人心中的魅力值也大大下降。每次向老板和在部门会议做 presentation(是指当众提出计划或显示成果、表达自己的看法的陈述过程)，她都很没有自信，显得非常紧张和局促，效果很不理想。为期 27 个月的选拔项目结束后，她没有得到经理职位，只得到一份做报表的工作。

能考上国内一流的高校就已经让人瞩目与羡慕，更别说能去美国读工商管理硕士了。如此优秀的一个女孩，却因为表达能力的欠缺而错失了推销自己的绝好机会。

推销自己绝对不能靠消极的等待，推销自己是一种进取的姿态，能够在希望渺茫时突遇灿烂阳光，化被动为主动，占据更为有利的地位。

一个女孩在网上看到一个很适合自己的职位，于是就把简历发了过去，很快就收到了面试通知，公司让她在第二天上午九点去面试。

次日九点，她准时感到面试地点，却发现在她之前已经排了 30 多个应聘者，她被排在了第 32 位。可见，这份工作是多么炙手可热，那么多的人都抢着要这份工作。女孩想："如果我就这么等下去，说不定轮到我之前老板早已经确定人选了。"于是，她急中生智，拿出一张纸，在上面写了些字，恭敬地对工作人员说："不好意思，麻烦你马上把这张纸条交给您的老板，这非常重要。"

工作人员把纸条交给老板，老板一看，笑了，只见纸条上写着："考官大人，我排在队伍的第 32 位，在您看到我之前，请不要做决定。"因为这句话，老板对这个写纸条的应聘者印象非常深刻，觉得她是一个很会推销自己的人，再加之招聘的岗位就是销售员，于是，最终女孩被公司高薪聘用了。

在现实生活中，我们会发现不少才华横溢的人，却始终找不到理想的工作，还有的人工作勤恳踏实，却很难得到上司的赏识和提拔。于是，他们开始了对世道不公的慨叹。难道说他们没有能力没有实力吗?恰恰相反，正是因为他们不会推销自己，才让既有的才能得不到充分的发挥和挖掘，埋没了原本闪亮的光芒。

如何做一个会推销自己的女人呢?

1.摆正态度

仔细观察,你会发现,有些人或者是担心丢了面子,或者是为了保持那份女子所谓的矜持,当谈到自己的时候,总是扭扭捏捏,欲说还休的模样。其实,大可不必,该说的时候就要大胆表达。只要你能做到实事求是,不搔首弄姿,不夸张不虚伪,就很容易得到别人的注意或者认可。勇敢地推销自己,才能为自己创造实现理想和人生价值的机会,才能为社会做出更多的贡献,才能有巾帼不让须眉的气质。

2.充分认识自己的优点,才能有的放矢

如果你目前还不清楚自己有哪些优势,那就问熟悉了解你的人,看看他们对你有什么看法和建议,然后结合你自己的发现,认认真真地在一张纸上罗列出自己的优点。在做这些事情的时候,一定要公正客观,切忌骄傲自大。总结好之后,在以后的道路上就能充分发挥自己的优势。这就好像当你清楚了自己都拥有哪些兵器之后,在战场上使用起来才能得心应手。如果连自己有什么是什么都不了解,只是盲目地迎战,那么结果就很难取胜。

3.保持自信的状态,恰当地表现自我

在择业过程中,要根据自身的条件,敢于进行角逐和竞争,从而找到适合自己的职业。一个人要取得成功,自我推销就要充满自信,但是盲目的自信会导致失败。只有最佳的自信状态,才能取得最好的推销效果。

当今社会竞争如此激烈,行进途中,你会遇到这样那样的竞争对手。对于女人来讲,在一定程度上又处于劣势,竞争就显得更为惨烈。因此要战胜对手,就要学会如实地认识自己,恰当地表现自我,既把自己的特长,各方面的能力和知识水平如实且恰到好处地介绍给用人单位,又要使用人单位欣赏你的才能,并对你引起注意。

4.积极参加社会活动,提高自己的人际交往能力

成功地推销自己,说到底也是人际交往方面的重要内容。社会活动能力和协调人际关系的能力是十分重要的。自我推销的过程,就是人们相互理解,相互协作的过程,也是情感交流,彼此悦纳的过程。因此积极参见社会活动,可以锻炼和培养这方面的能力。

幸福的女人不抱怨

总之,成功的推销不是自吹自擂,夸夸其谈,聪慧的女子不会一味地埋怨自己如何如何低落和不得志,而是知道如何将自己的优势成功推销出去,为自己增加一缕耐人寻味的馨香。

抱怨老东家,
会损害你的职业形象

如果你刚结束上一个工作,准备找新的机会,那么在面试中,常常会碰到诸如此类的问题,"你为什么离开上一家公司?"面对这种问题,愚蠢的应试者会把它视为一个难得的诉苦机会,向面试官大吐苦水,诉说自己在上一个东家那里遇到的种种不幸,言语之中透着对前老板的种种不满、贬低和挖苦。

要知道,这可是职场之大忌。永远不要说自己老东家和老上司的坏话,哪怕他们真的是一无是处,哪怕你说的句句属实。人们不会关心你与老东家之间的恩怨,但是会介意你对待老东家的态度。人们会认为,你对自己所服务过的企业和上司这么不满,那么等换了新的东家,是不是还会出现类似的情况呢?

抱怨老东家,对你的发展没有任何好处。它会让你失掉很多机会。在相关的调查中,显示超过 38% 的 HR 不会录用抱怨老东家的员工。

史云在一家大型的民营企业工作,经过一段时间的努力坐到了部门经理的职位,可是后来由于看不惯企业的"裙带关系",觉得自己晋升无望,就在前不久愤然辞职而去。在后来的求职面试中,招聘单位问她为什么选择离开那样一个很有前途的企业呢?她将原因实话实说,虽然对方认为史云的业务素质和各项条件都比较好,但是最终还是没能录用她。因为在招聘方眼里,任何一家企业都不可避免地会有裙带关系,如果一个对公司制度横加指责或者怨天尤人的员工,即便让她坐上一定的高度,也没有什么意义。

所谓"滴水之恩,涌泉相报。"你的老板曾经给过你工作的机会,那么这对你来讲,就足以构成你感恩的理由。试想一下,在面试的时候,一个把以前上司的种种不满作为自己另寻他职的理由和原因,尽管这个人一再表示,到了新的单位,一定尽力配合新领导,努力做好工作,那么,也很难让人相信,这样一个只看到以前老板弱点而不知道检讨自己的人,又怎么能够在新单位处理好与同事和上司的关系呢?招聘单位轻而易举地就可以将你 pass 掉。

人性的弱点就是"高估自己,低估别人",有时候为了得到他人的肯定和赞许,甚至不惜贬低别人来抬高自己,这样做只会适得其反。因为所有公司都希望员工对公司忠诚,作为招聘单位,当然也希望招到对本公司忠诚不二的员工,而不愿意收录那些过河拆桥的人。今天你为了新工作可以把原公司说得一无是处,谁能保证明天你不会把新公司说得一无是处呢?对原单位作少量、无伤大雅的评价也未尝不可,但当这种评价带有强烈的个人色彩时,极可能成为一种不负责任的攻击。那些为了达到个人目的不惜手段的做法,当然会引起招聘者的反感。有些大公司在招聘重要的岗位、人员时,会通过各种手段、渠道来了解应聘者在原单位的表现。世上没有不透风的墙,当你的攻击传到原单位后,那么别人对你的评价也就可想而知了。

其实,离职的时候,因为种种原因而与老板或同事闹僵的例子比比皆是。离职后,心中有点怨气或者牢骚也是自然的。但不论出于什么原因,不论你感到多委曲,你也没必要泄一时之愤,应该明白当时的争执和之后的抱怨都不能改变什么。人生之路还长,很难断定在以后的工作中不与原单位及人员发生这样那样的关系,一旦再次遇到或多或少都会对你有负面影响,尴尬的处境情何以堪?所以不管你出于何种原因跳槽,还是留有余地为好。

娟在一个公司做财务主管,前阵子却不明就里地被降职了,经过反思发现自己并没有做错什么,但是看到老板坚决的态度,她想到可能是听信了某人的谗言才有了这样的决定。因为上一个主管离去的原因她之前也有所耳闻。

为了将来的发展,她跳槽到一家新的公司,偶尔会碰到新同事问及跳槽的原因,

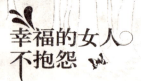

她几次都想一吐为快、申诉冤情，但是最终还是忍了，只是随便找了些合适的理由搪塞过去，然后岔开话题。

在新的单位，娟没有任何抱怨，但也没有抛弃过去的一切，她好好地总结，把过去的经历当作一面镜子，专心经营自己的长处。娟这样的做法无疑是聪明的，值得每一个人借鉴和学习。

不抱怨老东家，可以让你避免很多负面影响，可以为你带来很多有利的条件。不能因为跳槽就丢弃那些在上一个单位给过你帮助和提携的同事和领导，珍惜每一个机缘，他们说不定在以后会对你有所帮助，你不妨把他们看作你的人力资源库。

那么，在新的单位你就应该抱着"既来之则安之"的踏实态度，不要对你原来的单位或个人给予过多的抱怨和指责。因为与先到的同事相比，你无疑是处于一个全新的起点上，如果那样做，你的同事和上司是不大容易接纳你的，所以客观地评价旧公司的优缺点，维护其形象是很重要的。公正客观地评价老东家，不但有利于公司的正常发展和树立你自己的职业形象，而且无论日后你个人的发展如何，老东家都会记得你的良好职业素养，当然也有利于你和他们再打交道时建立良好的关系。

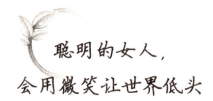
聪明的女人，
会用微笑让世界低头

蒙娜丽莎的微笑倾倒了多少人？那赛场上无论输赢，都始终带着灿烂笑容坚持到比赛的最后一刻的人，赢得了多少掌声？

微笑，可以说是最厉害的武器。还是"最有效益的武器"。俗话说"和气生财"，一个微笑的小贩,比一个拉长着脸的商贩更能赚取人气和财气;一个微笑的老板,也会比一个脸部肌肉僵硬的老板拿到的订单多;一个微笑的推销商,必定比一个表情呆滞的推销商卖掉的产品多。

微笑,还是"使用最广泛的武器"。医生的微笑,使患者温暖;老师的微笑,使学生心安;售票员的微笑,使乘客舒心;播音员的微笑,使观众愉悦;上司的微笑,使属下感到亲切。有微笑的地方,春风荡漾,阳光和煦;有微笑的人群,一团和气,其乐融融。就连在冷冰冰的网络世界里,人们也发明了一些意象化的微笑符号,每当看到这样的微笑符号,我们心底就会油然而生一个现实的笑脸,产生一种温暖的感觉。

而对于女人来讲,微笑也是最美丽的武器。因为一个微笑就能让你美丽倍增,全世界都会在你的微笑中黯然失色。有人说过:"女人出门若忘了化妆,最好的补救方法便是亮出你的微笑。"

当你微笑地面对周围的每一个人,你就会受到大家的欢迎和喜爱。微笑可以帮你解决很多问题,微笑是最温暖的思想交流,是最动人的故事篇章。

Amy去了一个比较知名的航空公司应聘,从竞争激烈的招聘现场回来之后,她的朋友劝慰她说,就不要妄想去这家公司上班了,权当是次锻炼,为找下一份工作做准备吧。因为当时的情况下,像Amy这样没有熟人,没有关系的普通女孩,要想进入这样一家航空公司上班,的确不是一件容易的事情。职位的方方面面的条件又是如此的诱人,应聘者如此之多,任何有着航空梦想的女孩都想着有朝一日能进入这家公司。尽管如此,Amy还是微笑地面对一切,在整个面试流程中,她始终都以一种温馨自然的微笑去应对。

然而,令人惊讶的是,在面试的时候,主试者在讲话时总是把身体转过去,背对着她——不要误会,并非这位主试者不懂礼貌,他是在体会而不是看Amy的微笑,感觉Amy的微笑,因为Amy是通过电话工作的,她负责有关预约、取消、更换或确定飞机班次的事情。最后,那位主试者微笑着对Amy说:"小姐,你被录取了,你最大的资本就是你脸上的微笑,在将来的工作中你要充分运用它,让每一位顾客都能从电话中体会出你的微笑。"

或许不会有太多的人能够看到她的微笑,但是通过电话,传递出的声音,能让人

幸福的女人不抱怨

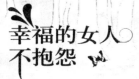
感受到 Amy 一直在用微笑为大家服务。正是这样的微笑,让 Amy 赢得了一份难得的好工作。

聪明的女人,会用微笑让世界低头,会用微笑赢得别人的信任,会让更多的人喜欢你,支持你。

小白也是一个通过声音传达微笑的人,她是某地一个很受欢迎的电台节目主持人。不少听众写信给这位声音里带着微笑的主持人,说自己听到她主持的节目之后,就好像看到了她带着微笑站在大家面前。

当别人问小白为什么总是这么高兴的时候,她说:"每个人都会有烦恼,但是我不会把烦恼带在脸上,更不会将烦恼带到工作中。我做的这一档节目就是要给听众解除烦恼带来轻松愉悦的,如果我自己都做不到,又怎么对得起听众呢?"她还说:"为别人创造一个愉快的生活,就要从微笑开始。"小白就是这样时刻把微笑揉进声音的一个人。

当你微笑的时候,别人会更喜欢你,你在给别人带来快乐的同时,自己也会感受到别样的开心和幸福。把微笑掺进工作、生活的每个角落,用微笑去面对人生,接受挑战,你会惊喜地发现原本很棘手的问题也在微笑的包围下迎刃而解了。

在日常生活中,不小心产生的矛盾摩擦,"微笑"可以助你消除怒气化解误会怨恨,平息剑拔弩张的敌对情绪;在遭遇险情危机时,"微笑"能帮自己急中生智、镇定应对、稳操胜券;在平时总是脸带微笑,会使你心情愉快情绪良好从而也增强身体免疫能力使你健康快乐度过每一天;在谈情说爱中,"微笑"更是你的最佳秘密制胜法宝。"微笑"永远是你无往不胜的"武器"。聪明的女人懂得如何得心应手地去利用这样的武器。

第 6 章

不抱怨薪酬太少，
等青苹果变成金苹果时再谈价钱

对很多人来讲，工作是安身立命的根本，对女人而言，工作更是体现自身价值的有效途径。也许初入职场的你，拿着微薄的收入，干着繁杂的工作，心里会不禁升腾起一种不平。但是，别忘了，你当前所从事的看似微不足道的工作，正是你必须要跨过的一道门槛。认真努力踏实地对待每天的工作，当青涩的新人变成独当一面的人才时，何愁没有配得上你的待遇？

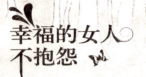
从繁重的工作中获得
收益和快乐

工作是我们谋生的手段,是我们实现价值的桥梁,也有可能变成我们一辈子追求和维系的事业。或许,你耐不住长时间从事同一项工作的单调和乏味,或者你会抱怨它的繁重给你带来的疲累。但它带给每一个人的不仅仅是养家糊口的基础,还有可能催生出许多快乐的因子。

对于女性来讲,工作的态度往往要比工作本身重要。如果我们热爱工作,能够全心全意地投入,那么原本令人讨厌的艰苦的工作就能变成推动、丰富和完善我们生活的神奇工具。

所有的抱怨不过是逃避责任的借口,无论对自己还是对社会都是不负责任的。

亨利·恺撒一个多么成功的人, 他有着一个拥有 10 亿美元以上的资产的公司,他使许多哑巴会说话,使许多跛者过上了正常人的生活,使穷人以低廉的费用得到了医疗保障……然而,所有这一切都是恺撒母亲教育的结果。

玛丽·凯给了她的儿子亨利无价的礼物——教他如何看待生命的伟大。玛丽每天下班后,总要花一段时间做义工,帮助不幸的人们。她常常对儿子说:"亨利,不工作就不可能完成任何事情。我没有什么财产可留给你,但我给你一份无价的礼物:工作的欢乐。"

恺撒说:"我母亲最先教给我对人的热爱和为他人服务的重要性。她常常说,热爱人和为人服务是人生中最有价值的事。"

如果你掌握了这样一条积极的法则,如果你将个人兴趣和自己的工作结合在一起,那么,你的工作将快乐起来了。兴趣会使你的整个身体充满活力,使你在睡眠时间不到平时的一半、工作量增加两三倍的情况下,都不会觉得疲劳。

工作不仅是为了获得活着的物质需要,同时也是实现个人人生价值的需要,试着将自己的爱好与工作结合起来,无论做什么,都要乐在其中,而且要真心热爱自己所做的事。

成功者乐于工作,并且能将这份喜悦传递给他人,使大家不由自主地接近他们,乐于与他们相处或共事。快乐地工作能够让你感觉轻松。快乐地工作是一种积极主动的工作状态,这样工作才是有意义的,能产生更高的价值的工作。

你积极主动地工作,并出色地完成任务,你的公司也会为你创造更多的发展空间和机会,那么你所获得的不仅仅是一种物质上的奖励,更多的是一种自我价值的实现,这是人生自我实现的需要,也是人的最高需要。只有这种需要得到满足时,人才会获得最大的快乐,而且这也正是人真正的快乐。

小镇的人们每天傍晚都会听见王红清脆的吆喝声:"正宗北方大馒头,一块钱两个。"王红从开始骑三轮车卖馒头到现在已经有 4 个年头了,那年,王红的丈夫晚上回家被一辆呼啸而来的轿车给撞倒了,司机乘着小镇黑暗的夜逃跑了。当王红找到躺在路边的丈夫时,丈夫早已没了呼吸。

丈夫在世的时候,她的责任就是照顾好家里,别的一切都不用操心。可是,现在丈夫走了,生活的大山压着王红快喘不过气来。她没什么特长,唯一的特长就是蒸馒头的技术让丈夫称赞。丈夫在世的时候,总是称赞王红蒸馒头的水平很棒。王红看着身边的两个小孩,毅然挑起了生活的重担,卖起了馒头。

第一天,她骑着三轮车把整个小镇都转了三四圈,只卖出了几个馒头。晚上,王红躺在被窝里哭,小孩也跟着哭。

好在她是一个坚强的人,第二天傍晚,王红依旧骑着三轮车在小镇里吆喝:"正宗北方大馒头,一块钱两个。"第三天,第四天……陆续别人都认识了王红,知道每天傍晚骑着三轮车的妇女蒸的馒头味道很好。渐渐的,王红的生意越来越好,为了生活,为了希望,她努力而开心的活着。

聪明的女人,即使你的处境再不如人意,也不应该厌恶自己的工作,世界上再也找不出比这更糟糕的事情了。如果环境迫使你不得不做一些令人乏味的工作，你应该想方设法使之充满乐趣。无论做什么事，用这种积极的态度投入工作，都很容易取得良好的效果。

所以，职场中的女人们，去享受你的工作，享受你的快乐和满足吧！一个女人，无论从事的是怎样的职业，也无论当初选择这份工作的原因是什么，只要选择了这个企业，就要热爱这个企业，拥有了这份工作，就要热爱这份工作，这也可以说是职业道德感。

对工作负责，不管是企业中微不足道的工作，还是日复一日的枯燥和繁重，也要百分百地尽职尽责，这是人生的一种境界，当这种信念贯穿在一个人的整体意识当中，渐渐就会演变成为一种处世的态度，它反馈给你的将会是无尽的财富和快乐。

一个女人无论从事何种职业，都应该尽心尽责，尽自己最大的努力，求得不断的进步。这不仅是工作的原则，也是人生的原则。

不是没人重视你，是你的"分量"太轻

在现在这个社会，找工作难，找一份好工作更难。在我们周围，会听到不少女人叽叽喳喳地抱怨薪水太低、运气不好、怀才不遇，埋怨自己辛苦做了几年，却得不到重视，得不到提升。或许，是你自身的分量还没达到足以让老板让别人觉得你不可或缺的地步。

那么，在竞争激烈的职场，如何得到别人的重视，如何提升自己在公司的价值呢？

1.不管坐什么位置,都要保持学习的习惯

进入社会工作十年到十五年左右,会有一种"上下卡住"的闭塞感与无力感。因为,这个阶段的上班族虽然拥有一定的资历与经验,工作也得心应手,但上面有比自己更资深的前辈压着,身边有随时想超越你的同辈,下面又有一群"年轻就是本钱"、熟识科技的新时代员工虎视眈眈。不管你是基层员工还是担任主管职位,都要保持学习的习惯,随时为自己的竞争力加值。学习跟智力高低无关,主要是取决于态度,以及培养独立思考的能力。

在竞争日益激烈的社会大环境中,唯有不断的努力再努力才能走在别人的前面。

某药店新招了两名员工:小赵和小陈。说实话,大家都对这两个女孩的印象不错,在工作中,她们能认真向老员工学习,很快掌握了药店员工的基本技能。不久,便都顺利地转成了正式员工。

时间久了,大家开始发现,这两人还是有那么一些不同:小赵是个爱玩的人,工作熟悉之后,平时没事,就与其他员工聊天、吹牛。小陈则不同,她除了做好本职工作外,还对其他业务很感兴趣。平时,小陈喜欢看药店所订的报纸期刊,读药学知识与药店管理方面的文章,丰富自己的知识结构。另外,她还自学电脑,考取了电脑程序员。总之,在业余时间,小陈一直都在"充电"。

小赵看到小陈这样忙碌,就为她"洗脑":"我们都是老员工了,没必要那么辛苦,学习这些一时半会用不上的东西做什么?"小陈说没有辩解说,自己只是想多学点知识,说不定什么时候就用得上。

日子一天天过去,小陈的计算机等级证也到了手。由于勤奋,药店的所有业务他都能干得来,业余写的稿件也有几篇在专业报纸上发表。两年后,两个人有了截然不同的命运:小陈在药店小有名气,因为能力强、业务熟,被提升为店长助理,而小赵则在药店裁员中惨遭淘汰。

这样的例子,在一些企业里随处可见。有不少员工像小赵一样,在熟悉的工作环境中,由于工作上没有多少压力,因而安于现状,不思进取。日复一日,年复一年,慢慢变得麻木起来,直到落伍于形势发展的需要,甚至被淘汰。

现在的公司对于缺乏学习意愿的员工是很无情的,员工必须负责精进自己的工作技能，否则就会被远远地抛在后面。一滴水只有放在大海里，才能永远不会干涸，同样，只有时刻提升自己现有能力的员工，才能永葆生命的活力。你所具备的知识越是丰富，价值也就越高。 上司对于这样的员工是非常欢迎的。

空闲时间，多学习，少聊天。增强自身竞争力最关键的问题还是不断学习，特别作为程序员这个特殊的职业，千万不要把大好的时光浪费在无意义的事情上。

2.永远做得比老板要求的更多一点

只知道"做好分内工作"的员工，等着被淘汰。因为，在这个竞争激烈的时代，有许多比你更积极的人，懂得永远要比老板要求做得更多。你必须超越上司对你的期待，让他对你产生惊喜。别只等着上司传授经验、带领你成长，事实上，你可以靠着自己的努力，提出能够推动公司往前进的漂亮点子。

不怕累，多干活。任何公司、老总都喜欢勤快、不怕苦的人。这是你获取上司认可和团队关注的第一步，也是你职场原始积累的开始。同时，也是争取自己在工作中的"市场份额"，成为不可缺少的角色的预热。

3.对于重要项目，不避重就轻，舍难取易

在工作中，难免会遇到有一定难度的项目，但不要惧怕，这往往是你体现个人价值的关键。困难代表门槛，代表竞争力，敢承担，莫逃避，更多的历练才会使你快速地成长。同时，这些具有高难度的东西往往具有不可替代性，所体现的价值会更大，对稳定你的地位会起到非常重要的作用。敢于承担重担的人，才可委以重任。

4.出现问题，少抱怨，不牢骚

成功的人找方法，失败的人找借口。遇到问题，积极地想办法解决问题，不要一味地把问题全推到别人身上，或者找出各种理由来给自己辩解。想一想是否可以通过其他办法或渠道把这个问题解决掉。通过这些问题，不但可以充分体现你解决问题的能力，也为自己造就可信任和成熟的人格魅力。

5.随时拓展人脉并懂得维系

别以为只有负责某些职务的人需要人脉，事实上，不管你处于什么位置，人脉关系永远会带给你更多意想不到的益处。拓展人脉，处处是机会。除了特定活动的场合之外，从飞机上的邻座到网络，再加上善用"朋友的朋友"，都是好管道。

人脉建立不难，重点在维系。建议最少一年一次，跟联络簿、好友名单上的每一个人聊一下近况，保持住彼此的关系，让对方一听到你的名字就记起你。

总之，聪明的女人会在适当的时机和场合适当地表现自己的长处，并懂得用自己的实际行动让公司觉得自己是个能为公司创造价值的人才。若想在公司立足，成为公司不可或缺的人才，只有让自己对公司具有更大的价值，才能得到公司的重用和青睐。

主动找方法，让自己的工作更有成效

有些时候，你会发现费了九牛二虎之力，还是未能达到想要的结果，于是你就开始怀疑自己的能力，怀疑这件事情的正确与否，其实，达不到预想的效果，不一定错在事情本身，很有可能和你所采取的方法有关。

这天，教授走近教室给同学们上了一堂别开生面的实验课。他在一张桌子上放了一块蓝绒珠宝衬垫。然后，他在中间放了一个珠宝商用的放大镜、一把特殊的镊子和 50 颗晶莹闪亮的钻石。

他解释说："这些闪闪发光的石头并不都是钻石。在这一堆，有 49 块氧化锆（人工钻石）和一颗真钻石。如果你们有人能找出这颗真钻石，我就把它送给他。有谁想试一试吗？只能试一次，而且你们每人只有 60 秒钟的时间。"

所有人都跃跃欲试。

同学们一个接一个地试图找到真钻石，但是只有这么短的时间，大家都失败了。这位教授同意告诉大家寻找真钻石的方法。在时钟的滴答声中，他开始将每一块石头翻过来,让平面向下,琢面向上。他用了55秒钟的时间把石头码放成这个姿态,接着,在还剩下的几秒钟时间里,他从上方往下看着石头,用自己的肉眼就找到了真钻石。事实证明,一旦安排妥当,每次找出真钻石就变得异常简单。

为什么?因为所有的氧化锆都是一个"模样",完美无瑕。只有钻石上面有个瑕疵——有一小块碳,叫做内含物——在灯光的反射下与其他石头略有不同。这个不同点很明显,肉眼就能分辨出来。现在,秘密公开了,所有人都想再试一试找出真钻石。

"不,"教授解释道,"你们有过机会了。由于你们不知道这种方法,因而你们一无所得。而我知道这种方法,所以我每次都能找到钻石。"

生活中,总是有不少女人满怀信心,充满斗志,可到最后却总事与愿违,于是就抱怨自己消耗了这么多的时间和精力,还是未能顺利找到心中的钻石。

这种人不是缺少毅力和勇气,而是在用错误的方法释放着自己有限的时间和精力,结果才会劳而无功。做了这么多无用功,工作怎么会有成效呢?其实,方法远比态度更重要,正所谓,磨刀不误砍柴工。掌握了正确的方法,就像是为自己打磨出了一把锋利的工具,就算因为起初磨刀占用了时间,但也能很快赶上别人,甚至超越别人。

在职场上我们常常会发现有的女人干着急就是不出活,整天也忙碌不堪,但是工作量就是上不去,有的女人则不然,工作安排得井井有条,即使遇到棘手的问题,也能找到最为得力的方法,从而有效解决。

马晓兰和吴月是大学的同班同学,毕业后,俩人一起应聘到一家外贸公司,做跟单员的工作。马晓兰是单位里面的开心果和热心肠,每次同事有事情,她都要冲到前面去帮忙,有时候甚至跨部门去帮助行政部的员工去复印一些资料。很快,马晓兰便成为单位里面的"不可或缺"的忙人。单位老板的一些演讲词要马晓兰来写作完成,人力资源部在网站上发布招聘信息会让马晓兰过去提一下意见,行政部做一个申领办公用品的表格自然也要马晓兰"配合"完成。很快,马晓兰的角色便成了单位里面的"万金油",哪里有事总少不了马晓兰的身影。而吴月则表现得相对低调一些,在自己的岗位上默默无闻。

9月份是公司最忙碌的季节,马晓兰和吴月被领导委以重任,分别负责北美区和欧洲区的下单报关工作。马晓兰和吴月每天都需要加班至深夜才能完成一天的工作任务。而这时，马晓兰依然要积极地帮助公司一些人去做其他事情，以博得一个好人缘，甚至会为了帮助别人而将自己的工作档期延后一些。每天面对着纷杂的事情，马晓兰很难保证自己的工作时间，导致工作效率很低，北美区的客户纷纷向公司投诉，抱怨货品到达时间总是延缓一两天。老板向马晓兰发出了几次口头警告。马晓兰自然是有口难言，直到发生了一件意想不到的事情。由于工作时分心，马晓兰将发往美国达拉斯的一批产品错发至加拿大魁北克省，导致货品最终到达达拉斯比合同期足足晚了四周时间，致使美方客户勃然大怒，公司最终也丧失了美国东部最大的一个客户。在公司很有人缘的马晓兰最终被解职，一向默默无闻的吴月反而成了公司新的业务主管。

不能一口否认马晓兰的能力和工作态度，或许她有实力比吴月做得更好，但是发展到最后，前者被开，后者升职，这就不能不引起人们反思了。

做任何事情，最忌讳的就是东打一榔头，西夯一棒槌，或者是时时处处事事都想兼顾，最终只会害得自己什么都做不好。分清事情的轻重缓急，也是做事讲究方法的重要一环。面对纷繁复杂的工作，更不能乱了阵脚，而要将精力专注于一点的基础上兼顾其他，争取高效完成工作。针对不一样的事情，主动找出相应的方法，这是聪明的女人在职场上保持游刃有余的重要杀手锏之一，是打开成功之门的金钥匙。

幸福的女人不抱怨

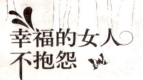
要拿高薪，首先要让工作靠近"核心"

"我每天这么辛苦，每个月的工资除了基本生活保障之外连几套高档的化妆品都买不起。""我好歹也是重点大学毕业，相貌姣好，还没有人家高中毕业拿到的钱多呢。"那些整天出没于高档写字楼的白领女人们在外表光鲜的背后，时不时地会在要好的朋友面前或者内心里暗暗发着这样的牢骚。

期望、付出和月薪成了她们头疼的问题。每个人都希望自己能够人尽其才、才尽其用，获得令人艳羡令自己满意的高职位高薪水，然而对于大多数普通职场女性来讲，高薪似乎总是那么遥不可攀，当得到的待遇和自己期望中有所差距的时候，心理上就会产生不平衡，于是就想着跳槽，以谋求更好的职业更高的薪水。但是，跳槽很多时候并不能彻底解决这个问题，反倒是因为屡次的希望又屡次的失望，从而导致了频繁跳槽的出现。其实，当你遇到这样的情况的时候，先不要着急，不要抱怨，认真地想一想，或许还真有什么捷径可走呢。那些善于利用自身和外界优势的女人，往往能捷足先登。在此有几条建议可供参考。

借助优势资源，打造自己的核心竞争力。

辩证唯物主义认为，内因决定着事物的本质，那么自己没能拿到高薪，或许问题正是出在自己身上，而不能简单地把责任推到外界环境上。看看你自己究竟具不具备拿高薪的资质和实力？

你是否敬业？

对待工作的态度直接关系到薪水的高低，很多成功的职场人士也异口同声地认为,他们能够有今天的成绩绝对离不开当初的敬业精神。敬业,能保证你哪怕是在不喜欢这份工作的情况下也能保质保量地完成相关任务。也有人把敬业看成老板是否加薪的一大准则。

你处理人际关系的能力怎样?

一份调查结果显示,几乎所有的高薪收入者在处理人际关系的能力方面都特别有优势。曾经有一位高薪人士在受访时说,凡与其共事过的同事一致认为他是一个十分细致入微的人,而这种细致正是体现在他能妥善处理与每一位同事的关系。

你能为自己继续充电、不断补充自身能力吗?

步入高薪的领域,学习是必不可少的,知识的更新任何时候都不能停止,绝大多数事业有成的高薪收入者在回答"未来五年你最需要什么"时,都选择了"充电"。

在职业发展的道路上需要不断补充知识,提高个人能力,但是补充要有针对性,明确自己的职业进一步发展所缺的能力,针对这部分能力缺陷制订有效的学习计划。打好基本功,完善自己的能力缺陷,特别是针对心中理想职位要求能力与自己当前所具备能力的差异下手。职业人士最忌赶大潮培训,跟风学习,这样不仅对自身职业发展毫无帮助,还极有可能使职业发展陷入停滞状态。

审视完了自身,再看一下周围的环境。如果说内在因素是帮助你取得高薪的基本素质和首要条件,外在因素则可能包含更多大家向往的高薪捷径。一些取得高薪的窍门,但愿你能用得上。

1.在选择工作的时候,了解一下你要就职的单位的实力

可以从其注册资本、生产规模、市场占有率等方面入手。因为只有实力真正雄厚的单位,才会不惜千金纳贤才。如果公司经营状况堪忧,那么自然,追求高薪也是不可能的。同时也要注意行业的特点,高薪并不是每个行业的从业人员都能得到的,像IT、汽车、房产等重头行业,要一个月五六千并不是很难,但相对的此类行业的萎缩期和膨胀期就会具有相对差距。

2.认清职业市场的需求

充分掌握目前职场动态,进行科学的职业分析和职业定位,确定职业气质职业特性,发掘自己核心竞争力,准确评价自己职业含金量,合理进行职业规划,了解目

标行业企业的情况,把握行业产品信息,充分了解目标企业产品结构产品资源,企业长远发展战略目标,企业管理模式和企业文化等。最后在个人和企业间找到契合点,在·个人和职位间找到匹配度,最终达到职业生涯的可持续性发展,实现高薪高位目标。

3.懂得恰当地表现自己

有能耐,但不善于利用,就不是真的能耐。要明白并不是每个工作绩效突出的人都能够得到相应的报酬,这主要是因为经理没有看到你的绩效,或是不经意间忽视了部属的表现。因此,建议每次工作获得成效的时候,可以找经理反馈,借机会在经理面前证明自己的能力,同时也是将来考核面谈时,可以争取较高的绩效评估,增加调薪水准。

4.适时反思和提高自身的价值,让自己经得起挑战

现在的企业竞争是人才之争,掌握关键技能的人是企业高薪聘请的对象。同时,除了强调要掌握关键技能,更强调要建立一套快速掌握关键才能的学习机制,使个人价值能够适应不断的挑战。

要仔细审视自己,对自己有一个科学的认识和评价,看一看自己是否真的能够胜任将来的工作,能否应对各种难题和挑战。也就是说,要看自己是否真的值这个价钱。倘若对自己信心不足,最好还是退而结网,及时充电以提高自己的能力。

要让个人价值经得起持续挑战,建议确立一个明晰的目标,想方设法让自己的价值最大化是成功人才的共同点。自己的本钱就是自身的价值,只要自己的价值能够一直膨胀下去,你就拥有更多成功的资本。

每个人的状态不同,高薪的标准也不同。事实上,人们在衡量薪水高低的时候,其实是在衡量每个人所领的薪水是否充分体现了自我的价值。很多时候,影响你薪水高低的不仅仅是你手中有多少有分量的证书,更有你的工作能力,你个人的综合素质等,当抱怨自己与高新无缘的时候,不妨深思熟虑一下,多些思考,掌握正确的方法,做正确的事情,让自己的工作更接近"核心"。

把"为什么这样待我"改为
"我从中可以学到什么"

在风雨中跌倒,你会大骂天气恶劣,痛恨上苍总是跟自己作对,还是赶紧爬起来,更加小心地前行以免再次摔倒?每到年终评比,别人的奖金总是高出自己很多,你是埋怨老板对你不公,还是首先反思自身,更加努力工作?聪明的女人会把时间放到后者。

你捶胸顿足大声呼喊"为什么这样对我"没有任何意义,不是上天对你不公,是你不懂得从所谓的不公、挫折中学到有用的东西。

在成长的道路上,没有谁可以永远立于不败之地,每个人都不可避免地尝过失败和挫折的滋味。但是,别忘了,人们的诸多经验也是在这千百次的错误和挫折之后才积累起来的。遭遇挫折和逆境,应保持一颗上进的心,乐观的情绪可以激励你不断学习,最终走向成功。

睿是一个好强而又独立的女孩,从小到大,家里几乎没怎么为她操心过,但是所有的事情她都安排的井井有条,难怪父母对她这么放心。

毕业之后,她原本有一份很不错的工作,但是为了自己创业的梦想,又加上当时年少气盛,她放弃了工作,和朋友一起到了一个陌生的地方。可是,半年多的时间过去了,事业没有任何的进展和起色。为此,她转战了很多地方,郑州、武汉、重庆、洛阳。眼看着当初和自己一起离开校园的同学都在自己的岗位上做得有生有色,而她仍然一个人怀抱着最初的梦想,东奔西跑。为了节约资金,租住的是条件最烂的房子,很多时候,为了考察市场,一出去就是一整天,经常是早饭不吃就

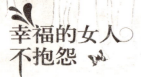
出去,中午和晚上也是随便吃点了事。在事业刚刚有了眉目之际,她却累垮了,住进了医院。

去看望她的朋友问她后悔不,睿一如当初一样一脸的灿烂,坚定地说:"没什么后悔的,我既然选择了这条路,就会坚定地走下去。"

三年后,睿的坚持和努力开花结果,她的公司走向正轨,开始给她带来源源不断的利润。在与朋友们的聚会上,她笑靥如花,无比的美丽。

可想而知,一个女孩在追求梦想的道路上,独自狂奔,要经历的痛苦和挫折是不言而喻的。有时候,原本到手的机会,却因为种种原因,最终和自己擦肩而过。可是她从来没有对生活有任何的抱怨。而是从挫折中不断总结,不断反思,不断学习,也不断前进着。在别人看来,或许不禁有些许辛酸,然而在困难和挫折中摸爬滚打,她终究会收获应有的精彩。

不管是伟人或普通人,在生活中都会遇到这样那样的挫折,我们要学会在挫折中坚强,才能在失败中成长。挫折是人生最好的老师。当遭遇不顺,身陷逆境,坚强的女人不会一味埋怨,而是重整旗鼓,再次向前。她会凭着从逆境中学到的东西,一路劈荆斩棘。

逆境可以教给你做人的道理,可以教你做事的方法。逆境可以让你的眼界更为开阔,因为它迫使我们不得不正视自己的生活状态和处境,放弃那些不合时宜的希望,无论怎么努力都不会有任何结果的感情,可以帮助我们摆脱阻止前进脚步的依赖心理,摒弃那些毫无用处的满足和自欺欺人。

逆境和挫折可以促使我们以全新的方式成长,因为晴空万里远远没有暴风雨更能激起人们的警戒之心。可以在山穷水尽之际,发掘出柳暗花明的资源,只要你有足够的耐心、毅力和勇气。

挫败可以让我们从自身角度更深切体会身在其中的痛楚,毕竟没有经历过,就无法真正体会到。人在顺境之时,很少去思索人生的意义,人性如此,总觉得厄运是受一种力量所支配,将重生的希望寄托于对上帝的埋怨和祈求之中。

有智慧有头脑的女人,不会被失败轻易挡住自己的双眼。有时候,一次的失败很可能就会击中你的要害,但是最大的失败不是失败本身,而是失败者的态度。

曾经有一位员工对他的上司抱怨道："我在这儿已经做了九年，可是为什么总是没有得到提升，而那些被你提拔的人远远没有我这么多年的经验。"

"你说的不对，"老板斩钉截铁的说，"其实，你只有一年的经验。因为你从来不会从自己的错误中学到任何的教训，你到现在还在犯着你第一年刚做事时犯的错误。"

其实，到了最后，对于人生本身来讲，一件事情的成败已经无关紧要，重要的是，你能从每次的错误中学到些什么，知道为什么会犯这样的错误并加以改正才能有所进步。能透过事实看到本质，不可只局限于表面，要从失败中看到原因，那么失败和错误也变成了你的一笔财富。

聪明的女人，能在失败中学到教训，失败处之泰然，知道自己失败之后应该怎么做。愚蠢的女人只会一败再败，忙着抱怨，而不能从中学得任何经验。能从失败中获得教训的女人，才能建立更强的自信心，直面错误并积极改正、继续努力，这样的人才可能获得成功。

规则是用来遵守的，
而不是拿来质疑的

每个人都向往自由自在、毫无约束的生活，尤其是女人，如此感性地活着，自由主义的倾向更为严重，面对种种繁杂严格的规则制度时，往往会抱怨说"太烦了"、"简直让人透不过气来"、"为什么非要这样"……

过马路要遵循交通规则，红灯停，绿灯行，如果你一反常态，很可能就会发生交通事故；上学读书，你要遵守学校制定的那些条条框框；职场、官场和商场也自有其规则可循。其实，说白了，不管你是否意识到，我们每个人每天都生活在这样那样的

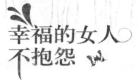

规则之中。

很多时候，也正是因为有了规则，社会才变得更加和谐安定。一位外贸官员，身在国外，有一次从厕所出来，被一年轻女士拦住，询问他可曾见到一个小男孩在厕所里，她说儿子进厕所很久了，还没有出来。外贸官员想起，他刚才确实听到厕所里有敲击声，他折回头循声找去，看见男孩在修理水箱拉杆，因为拉杆突然失灵，冲不下水。男孩认为，自己用过厕所如果不冲干净，对不起下一个用厕的人，也有失自己的尊严，这就是规则意识。

俗话说，没有规矩不成方圆。遵循规则已成为人的第二天性。从某种意义上来说，规则不是一种外在的强制，只有遵循规则才能获得相应的自由。

规则是人制定的，需要人们去遵守而不是拿来质疑和超越的。规则的存在能对人们的行为进行有效的约束。一个不遵守规则的人或者国度和丧失诚信一样的可怕和可恶。

人类社会得以维持下去的必要条件就是规则。假如只把一个人放在一个特定的空间内，那么这个时候，规则就没有存在的必要了。但是一旦多了一个人，规则就是必需的了。而社会正是有许许多多不一样的人组成的，人们不得不依照规则来分享自然、社会和政治等的权利和资源。因此，只要有人类社会存在，规则就必然存在，否则，人类社会将会在互相争夺中毁灭，不管你是否意识到这一点。如果人人遵守规则，就能给每个人带来好处，那么在一定的范围内人人也将获得个人的最大利益，

然而有不少人，视规则如儿戏，钻了空子，得到了一时的好处，却丧失了宝贵的品质。

有个孩子到国外留学，由于经常逃课，期末考试没有通过。学校对于那些考试没有通过的学生，还专门设了一次补考的机会。只要你有医生的证明，可以说明这个学生在考试期间生病了，就可以在一定时间内补考。并且补考的卷子和原来的卷子基本一样，大概只有20%的题有差异。这个学生就借此机会让那些考完试的同学将题目的答案告诉他，这样他至少可以拿到60分，过关是没有问题的了。但是所有这些要有医生的证明才好进行下去。这个学生就到小诊所用一个小小的礼物换来医生的一纸证明。

学校原本是为了给学生一个补救的机会，但却被这样的学生利用了。虽然他在做着这一切的时候，心中有些无法掩饰的得意，但是他破坏规则的行为终究会让他受到惩罚。

人们自己苦心制定出了规则，但是如果人人都不遵守，并且也不会因此受到惩罚反而获取了利益，这个社会将会多么混乱无序和可怕?!偷税漏税、买卖假文凭等这些破坏规则的行为将会不断涌现。如果真是这样，那些寒窗苦读，只为一纸证书的人，如今只需花几个小钱就可以让自己免遭寒窗之苦。穿越马路的时候，虽是红灯仍然可以呼啸前进、绝尘而去……

不管是对于个人还是企业，不遵守规则或许能让其得到一时的利益，但是终将会造成长远的损失，这种损失很有可能是永远无法弥补的。

总之，遵守规则，是一种文化、一种风度和教养，是一个人必需的品格，失去了这样一种品格，在社会中就将很难生存。

社会要进步，个人要发展，终归离不开规则的约束和监督，你说，是不断质疑或者挑战规则，而搅乱了社会秩序和做人的原则，还是在老实遵守中顺利地步步前行呢？

因想逃离而跳槽，越跳行囊越空

每个人都不可避免有跳槽的经历，但是并不一定每次的转换都能收到预期的效果。每一个想换工作的人，当然都不希望如此。事实上，一般人在工作不如意的时候，常常不知追根究底，找出自己真正面临的问题或原因，而期待环境或他人能为自己改变。当期待一落空,心中自然产生失望与无助,这就会影响一个人的心情,并打击他继续工作的意愿,进而想到换工作。

曾经有一个英语专业毕业的女孩,工作不到五年,换了二十多份工作,跳槽次数之多令人震惊,堪称跳槽狂人,其间辛酸可见一斑。

她在私企、国企和外企都待过,时间短的只有 6 天,待得最长的一家是 8 个月。工作换了一沓,薪金原地踏步,有时甚至越跳越低;每次辞职后都会免不了心情郁闷,自己越来越害怕求职,甚至想永远逃离职场,不想再去面对新环境。

许多职场白领工作上但凡遇到点不顺或者是厌倦,第一个想法就是跳槽,不敢正视自己的处境是最大的逃避。当逃离了现有的环境之后,等到了另一个环境中,类似的现象很可能又会出现,于是同样的事情又开始上演,新一轮的逃避又开始了。这样周而复始地陷进了可怕的恶性循环之中。

每一个想换工作的人,当然都不希望如此。事实上,一般人在工作不如意的时候,常常不知追根究底,找出自己真正面临的问题或原因,而期待环境或他人能为自己改变。当期待一落空,心中自然产生失望与无助,这就会影响一个人的心情,并打击继续工作的意愿,进而想到换工作。

任何一种工作做久了都会令人心生厌倦、感到没有出路。其实,问题也许并非出在工作本身上,而只是人的心理作用。在工作中,永远都不要忘记随时调整倦怠心理,因为工作的突破取决于人自身的突破。

如果出现了这样的念头和情绪,不妨认真反思一下,适时地调整自己的状态。问题是在工作中出现的,就在工作中解决,从哪里跌倒就从哪里爬起来,不一定非要通过换工作来解决。

陈静在一家著名的外企公司上班,按说论学历、论才干,她都属于佼佼者,可是,奇怪的是,她却总得不到公司领导的提拔和重用。最后,陈静实在无法忍受主管的反复无常与假公济私,决定辞职。

第二天,陈静拿着辞职信向主管办公室走去。这时,她在楼梯里遇见一位相邻部门的经理。这个经理看到陈静手上的辞职信,非常惊讶,劝他说:"陈静,如果你另有高就,那恭喜你,但如果是为了你们部门的主管,那你可能要考虑一下:你要学会如何与不同的人相处，不然你永远都会遇见这种人，然后手足无措。"

这位不太熟悉的经理的一席话，正好说到了陈静的要害，陈静很吃惊。他想，也许这位经理说的是对的，于是，她撕掉了那封辞职信，重新回到岗位上。

以后的日子里，陈静每天都在练习着如何与看不惯的主管相处，虽然她仍然不认同主管所做的一些事情，但她开始学着不去较真，尽量去看事情好的一面，从而她和主管之间也从对立变成平行。一年后，陈静因为业务突出，被总公司调去组建分公司，并担任负责人。

心理学博士凯伦·撒尔玛索恩女士曾说过："我们的生活有太多不确定的因素，你随时可能会被突如其来的变化扰乱心情。与其随波逐流，不如有意识地自己调整心情。"所以，当工作不顺心时，当与领导有不同意见时，不妨试着调整好自己的心情，以积极的态度和领导沟通，共同商量如何让你的工作执行得更加主次分明、简洁高效。

在职场生涯中，换工作也许是必经之路，但是每一次的转换，是否能为你带来正面的效益及自我提升，这是转职之前必须深刻思考的问题。

工作没有每天轻松的，企业也没有完美无缺的，许多的员工，一烦躁就容易产生抱怨，人一有抱怨所看到的东西都是负面的，所以总会认为现在服务的公司简直"一无是处"而想换工作，追寻另一职场归宿。在此情况下，很多人为了跟着流行走，只看到新工作、新公司表面的优点，却没有思考自我的工作态度与心情，在轻易的放弃原本熟悉的工作之后，结果却陷入另一个每天抱怨的恶性循环中。

一家商场人力资源部的经理表示，"我们商场不会雇佣频繁跳槽的员工，这是责任心的问题，同样，我们也很怀疑这些人的工作能力。"另一家私营服装店的老板王女士也认为，"频繁跳槽的人或许能积累一些工作经验，不过，我觉得这样的年轻人，太不稳定了，是很不定性的表现，用这样的员工，是让很多老板头疼的事儿。"

其实每一份工都无法尽善尽美，令人称心如意，现实的问题与理想的目标永远都存在着或多或少的距离。然而仔细想想，自己从事过的每一份工作，多少都存在着许多宝贵而丰富的经验与资源，诸如失败的体验、自我成长的喜悦、安定的收入、温馨的工作伙伴、值得感谢的客户等等，这些都是人生中值得学习的经验，如果你每天

幸福的女人不抱怨

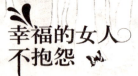

能带着一颗感恩的心去工作,相信工作的心态与态度,自然会感觉愉快而积极。

因此,当你想离开"这个讨厌的企业"时,不妨先转换你的心态,以新的角度看工作、看事情,或许离职的想法会就此打消。无论你在哪里工作,总会遇到不如意的事,如果你每天都微笑面对,相信事情会朝着好的方向发展。请记住:换工作不如换心情!

在职场生涯中,换工作也许是必经之路,但是每一次的转换,是否能为你带来正面的效益及自我提升?这是转职之前必须深刻思考的问题。工作没有每天轻松的,企业也没有零缺陷的,许多的员工,一烦躁就容易产生抱怨,人一有抱怨所看到的东西都是负面的,所以总会认为现在服务的公司简直"一无是处"而想换工作,追寻另一职场归宿。在此情况下,很多人为了跟着流行走,只看到新工作、新公司表面的优点,却没有思考自我的工作态度与心情,在轻易的放弃原本熟悉的工作之后,结果却陷入另一个每天抱怨的恶性循环中。盲目的跳槽,到头来只会是一无所获还白白浪费了大把的光阴。

第 7 章

不抱怨活得太累，
把心思用在排忧减负的方法上

　　社会纷繁复杂，谁都会有感觉压力陡增，身心疲惫的时候。眼睛盯着枯燥乏味的生活，脑海里也想象不出什么美好的情景。与其不断抱怨，不如充分调动起自身的能力，将那些烦人的障碍一个个放倒在自己的双手之下，让生活变得更为轻松和惬意。减压，靠的是智慧和方法，抱怨只能使你活得更累。

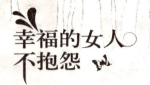
完全没有压力并非好事，
这证明你已经不被需要

如果将自己的身心完全沉浸于大自然的美景中，忘记人世间的一切恩怨烦恼，该多好啊。这样的心境每个人都曾经历过，然而，只要你的脚还站在地球上，就不可能与纷繁的外界隔绝，要生活就会有烦恼，要前进，就会有压力，虽然人人都想避开压力，人人都向往轻松的生活，没有压力的生活是不太可能的，即便是你能达到完全的没有压力，也不见得就是好事，其实，这种对你来说所谓完全没有压力的状态本身又是一种压力，因为这种完全没有压力的压力会把你整得整个人都心慌慌。

张敏的爸爸是上海一家文化传媒集团的老总，张敏毕业之后自然进了老爸集团下面的一个分公司做广告设计。其实这并不是她最喜欢的工作，她的专业也非广告学，只是家里人担心她在外面吃苦头，就暂时把她安排在了自家的公司内。

开始的时候，经理和同事们对她还比较客气，也会分一些小活给张敏，毕竟对广告这一行比较陌生，所以很多时候连基本的工作她也做不好。为了不驳老总的面子，大家平时对她也和当初一样的客气和礼貌。张敏在里面也乐得逍遥，每天和别人一样朝九晚五地上下班，平时也就是整理一下相关的文件，看看网页，欣赏下别人的广告作品，每月的薪水照发，日子倒也过得清闲自在。但是就这样过了不到一年的时间，看着和自己一起毕业的同学基本上都在为自己喜欢的工作忙碌着，虽然是苦了点，但毕竟都在不断实现着自身的价值，唯有自己，还这么无聊地打发着每天的生活。这种没有压力的生活，让她觉得自己亲手将自己的时间荒废了，荒废到了一些无关紧要的琐事上去了。在这样的公司内，自己和一个只拿钱不做事的闲人没什么区别。

也许很多人都很羡慕张敏能有这么好的机会和家庭背景,然而在这样一个没有压力,不被需要的环境内生活,内心将会是一种什么样的煎熬和滋味。好在后来张敏意识到了自己的处境,毅然挣脱了这安排好的生活,迈开步子朝自己心中的理想走去了。当她意识到自己在那里根本就是一个可有可无的人,说是在里面先避避金融危机的冲击,做好走向社会的过渡准备,其实,这一切都是家人和公司在间接地养着自己,这样的生活还有什么意义。

在马斯洛需求层次理论中有生理需求、安全需求、社交需求、尊重需求和自我实现的需求五个方面。而最后一个自我实现就是最高层次的需要,它是指实现个人理想、抱负,发挥个人的能力到最大程度,达到自我实现境界的人,接受自己也接受他人,不断增强解决问题的能力,自觉性提高,善于独立处事,要求不受打扰地独处,完成与自己的能力相称的一切事情的需要。也就是说,人必须干称职的工作,这样才会使他们感到最大的快乐。马斯洛提出,为满足自我实现需要所采取的途径是因人而异的。自我实现的需要是在努力实现自己的潜力,使自己越来越成为自己所期望的人物。如果基于这个层面上讲,当你没有了任何压力,或者是你已经不再被人需要的时候,说明你作为一个人的自我实现的价值也就不复存在了,这不能不说是一件很痛苦的事情。我们可以想想一匹良马,当它年老体衰之后,主人出于对它当年的勇猛和做出的种种贡献而感激不尽,仍然无怨无悔地供养着它。它自己呢,"老骥伏枥,志在千里;烈士暮年,壮心不已",但是谁都明白,纵有凌云之志,它也再不能奔腾千里、驰骋疆场了。即便是身边水草丰美,完全没什么后顾之忧,然而它作为一匹哪怕是上上等的良马的价值也只能是属于过去的了。

当然,这是自然界兴旺衰退的客观规律,但是从中我们也能多少受点启发和感悟。因此,当你觉得身上的担子很重,脚步很沉重的时候,不要一味地埋怨生活的不公,当你咬牙挺过去的时候,就能看到灿烂无比的阳光。

人一生中一般都逃不掉两种选择,要么是改变环境,让环境适应自己,要么是改变自己去适应环境。而压力可以说是无法彻底消除的,何不积极主动地改变自己,将压力变成我们前进的动力呢? 当你确定自己的目标并持之以恒地坚持下去的时候,你就会发现所有的压力都能在行动中找到发泄或疏解的途径。人生的道路千万条，你只有量力而行，才不至于总因目标得不到实现而痛苦不堪。

有压力并不可怕，相反完全没有压力比有巨大压力更可怕。完全没有压力并非什么好事，压力过大，会让我们承受不起。凡事有度，适当的压力能帮助我们前行，促进我们成长。所以，生活和工作中，有一定的压力是好事，积极面对它，正确对待生活工作的压力，就能不断促进我们发展和进步。

要事第一，不为小事抓狂

"我要飞，而你却像埋葬梦想的高墙，我要跳，而你却像地心引力那么强……快抓狂我快抓狂，不要搞不清状况。"我们每个人想必都有过那种说不清楚的烦恼和焦躁，一点点小事就能让我们"抓狂"，近于崩溃。

有的人上学的时候，平时不好好学习，临近考试开始着急，于是挑灯夜战，临时抱抱佛脚，等勉强过了考试一关，又恢复了平时的懒散状态，长期下去就形成了这样一种习惯，更可怕的是，这种习惯一直延续到了工作中，不少人平时不积极，等事情到了关头，开始焦躁不安，情绪极度地不稳定和浮躁，累得筋疲力尽才马马虎虎完成任务，免遭上司的批评。其实，这样的情况我们是可以避免的。

每个人的精力都是有限的，面对每天这样那样的事情，首先要在心里给每件事情标上号，分清楚了轻重缓急，把最重要的事情放到第一位，抓住主要矛盾，这样一来，其他问题也就迎刃而解了。说到底，很多时候，这样那样的焦躁，甚至那种近乎抓狂的状态，都是我们自己将自己推到了这样的路上。

就算有时候，面对一些无法预料的事情，也要告诉自己放轻松，学会将大事化小，同时不会为小事抓狂。

一个成功的女士善于管理自己的时间,做事分得清轻重缓急,永远坚守把要事放在第一位的原则,优先处理重要的事情,才能有好的效果。

曾有一位杰出的时间管理专家做了这么一个试验:这位专家拿出了一个1加仑的广口瓶放在桌上。随后,他取出一堆拳头大小的石块,把它们一块块地放进瓶子里,直到石块高出瓶口再也放不下为止。

接着他问:"瓶子满了吗?"

所有的学生应道:"满了。"

他反问:"真的?"说着他从桌下取出一桶砾石,倒了一些进去,并敲击玻璃壁使砾石填满石块间的间隙。

"现在瓶子满了吗?"

这一次学生有些明白了,"可能还没有。"一位学生低声应道。

"很好!"

他伸手从桌下又拿出一桶沙子,把它慢慢倒进玻璃瓶。沙子填满了石块的所有间隙。他又一次问学生:"瓶子满了吗?"

"没满!"学生们大声说。

然后专家拿过一壶水倒进玻璃瓶,直到水面与瓶口齐平。他望着学生:"这个例子说明了什么?"

一个学生举手发言:"它告诉我们:无论你的时间表多么紧凑,如果你真的再加把劲,你还可以干更多的事!"

"不,那还不是它真正的寓意所在,"专家说,"这个例子告诉我们,如果你不先把大石块放进瓶子里,那么你就再也无法把它们放进去了。

"大石块",一个形象逼真的比喻,它就像我们工作中遇到的事情一样,在这些事情中有的非常重要,有的却可做可不做。如果我们分不清事情的轻重缓急,把精力分散在微不足道的事情上,那么重要的工作就很难完成。

在工作中,也要分得清事情的主次,重点的事情要重视起来,有层次的工作,才会在职场上让自己得心应手。

初涉职场的你,是不是会有这种困扰:繁重而琐碎的工作让你有点无从下手,拿起这个文件，然后再看看旁边电脑里还没有打完的字，到底要先做那件，面对桌子上摆起来的小山，最后很可能是左手做一件，右手做一件，最后，哪项都没有在规定的时间内完成，黑眼圈的你第二天还要被老板责备。其实每一个刚涉职场的女性都有可能遇到过这样的困扰，因为对事情的主次安排不当而遭遇手忙脚乱的尴尬。

采采在一家银行工作，刚刚开始工作，还有一些不适应，为了让自己看起来更加有能力，把所有的大小事都尽量去最好的完成，当然在工作量小一些的时候这样做是没错，可是随着工作量慢慢增加的时候，同样的对待方式让采采有些吃力，也就是所谓的"眉毛胡子一把抓"，不仅浪费了很多时间在一些琐碎的小事情上，重点事情也没有及时的发现，导致最后工作囤积。连采采自己都认为很困惑，只是一心想把事情做好，结果却适得其反。经理和她谈了一次话，她才发现，原来是自己的工作方式有问题，所有的事情并不是一点顺序没有，而是它们之间的重要性不同而已，有条理的分辨，工作起来才不会慌乱，顺理成章的完成，重点的事情就多花一些时间和精力去重点完成，这样，再有大量的工作也会变得简单而有秩序。

采采的问题相信应该是很多新人遇到的问题，在办公室中，看到别人在短时间内把事情做得很完善而且有条理，而自己却感觉自己花了同样时间，换来的反而是感觉越来越多的事情堆在眼前，自己的认真度就会大打折扣，最后只能拆了东墙补西墙，所有的事情被自己搞得乱做一团，老板当然会不高兴，交代给你的事情也会越来越少，你也就会被扣上没有工作效率的帽子。难道真的没有一种办法去解决这些棘手的问题吗？

1.头脑清醒地工作

在接到一些工作的同时，不要先急于扑进去就开始，那样很可能几天之后这些事情要返工。先清醒的把事情罗列一边，到底哪件事情是重点，就像学语文课文一样，先抓住文章的中心，然后才是其他的陪衬。把重点事情重点的去对待，做到最好，其余的事情也就会慢慢的被解决，这样，既节省时间，你的工作能力也会得到老板的赞赏和肯定。

2.不要眉毛胡子一把抓

在工作中一定要分清主次,如果遇到工作就盲目的去解决,所有事情总想一下子就完成,最后的结果只能是眉毛乱七八糟,胡子也不知道被弄到哪里去了,这是老板最不愿意看到的,分不清主次,会被认为在平日中待人接物也会采取同样的办法,如何让老板对你重视,也许你也就一下子被归到次要的员工一类了。

3.不要去追求大事小事都面面俱到

花同样的时间用在一个并不需要时间的事情上,而职场上也是最忌讳这一点,不可能所有的事情都能如你所愿在同一时间完成,会有重中之重的那件事情,所以,千万不能认为自己可以将所有的事情都当作重点的来做,那样,只会让你更加手忙脚乱。

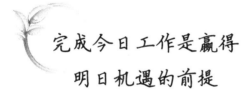

完成今日工作是赢得
明日机遇的前提

这是一个刻不容缓的时代,我们靠什么抓住机遇求得更好的发展呢?首先就是要做一个惜时的人,常言道:时间就是金钱,时间就是财富。把握了时间就能赢得人生的财富。然而把每一个今天做好,就是珍惜时间、提高效率的最重要方式。

不少人习惯把今天的事情拖到明天再去做,但是"明日复明日,明日何其多!我生待明日,万事成蹉跎"。

只有积极地做好今日工作的人,才能抓住每一个今天,攀登到成功的高峰。才能把握住明天成功的机遇。

世界知名的约翰·霍普金斯医学院的创始人约翰·奥斯勒爵士,年轻时曾对前途充满忧虑。上学时他总在担心怎样通过期末考试,毕业后又担心怎样才能找到工作,

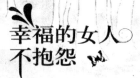
怎样才能生活。种种忧虑使他情绪低沉，彷徨不前。

直到 1871 年的春天，奥斯勒看到了一本书，其中有一句话使他受到莫大的启示："最重要的不是要去看远方模糊的事，而是做手边清楚的事。"于是，他开始明白自己应该采取的是行动。从此，奥斯勒"用铁门把过去和未来隔断，生活在完全独立的今天里"，每天都专心致志地处理当天的工作与生活，他认为，为明天准备的最好方法，就是集中你所有的智慧，所有的执著，把今天的工作做得尽善尽美。

这一理念使奥斯勒最终成为那个时代最杰出的医学家，被英皇册封为爵士，被牛津大学医学院聘为客座教授。去世后，人们为奥斯勒写下了一千多页的传记，以记述他卓越不凡的一生。

底特律城已故的成功商人爱德华·依文斯，在懂得"生命就在生活里，就在每一天和每一时刻里"的道理之前，也几乎因忧虑而自杀。由于银行倒闭，他不但损失了所有财产，还负债累累。他为此焦虑得吃不下，睡不着，直到重病卧床。不久医生向他下达病危通知，断定他最多只能活两个月。

面对即将来临的死亡，依文斯突然平静下来，放弃了所有的挣扎和担忧。他定好遗嘱后，就放心睡觉，放心吃饭，胃口也好起来。几个礼拜后，他竟然开始恢复了。又过了几个礼拜，他竟然能够工作了。依文斯再也不为过去后悔，也不为将来担忧，而是把所有的精力和热诚都放在每一天的生活中，终于他奇迹般地康复了，而且获得了事业的成功。

现在，如果你乘飞机到格陵兰，一定会降落在依文斯机场——这是为纪念依文斯而命名的飞机场。可是，如果没有懂得"生命就在生活里，就在每一天和每一时刻里"这句话，他可能永远也不会获得这样的荣耀。

尽管我们每一个人都活在"今天"里，但却极少有人能拥有"完全独立的今天"。如果我们也能全心全意着眼于今天，"集中你所有的智慧，所有的热诚，把今天的工作做得尽善尽美"，那么无数个美好的"今天"所做的努力，也必定会孕育出一个意想不到的灿烂明天。

"昨天"可以储存我们的回忆，"明天"可以寄托我们的向往。在生命长河里，只有"今天"才能够承载我们的行动。趁"今天"还握在我们手上的时候，让一切愿望赶快付诸行动吧!

娟子是一家工厂的仓库保管员,平日里也没有什么繁重的工作可做,无非就是按时关灯,关好门窗,注意防火防盗等,但娟子却是一个做事非常认真的人,她并没有因职位的低微而放弃自己的职责,相反,她做得超乎常人地认真,她不仅每天做好来往的工作人员提货日志,将货物有条不紊地码放整齐,还从不间断地对仓库的各个角落进行打扫清理。她常挂在嘴边的一句话就是"职位虽小,但责任重大"。凭着这份难得的责任心,三年过去,仓库居然没有发生一起失火失盗案件,其他工作人员每次提货也都会在最短的时间里找到所提的货物。

年终,在全体员工大会上,鉴于娟子在平凡岗位上所做出的不平凡业绩,厂长按老员工的级别亲自为她颁发了 3000 元奖金。这种做法使好多老职工不理解,娟子才来厂里三年,凭什么能够拿到这个老员工的奖项?她是不是厂长的什么亲戚?娟子是不是有背景?一时间,人们议论纷纷。

厂长看出了存于大家心里的疑问,也看出了他们不满的神情,于是说道:"你们知道我这三年中检查过几次咱们厂的仓库吗?一次都没有!这不是说我工作没做到,其实我一直很了解咱们厂的仓库保管情况。作为一名普通的仓库保管员,娟子能够做到三年如一日地不出差错,而且积极配合其他部门的人员的工作,对自己的岗位忠于职守,比起一些老职工来说,娟子真正做到了爱厂如家,我觉得这个奖励她当之无愧!"

从娟子的工作经历中,我们明白了这样一个道理,成功隐藏在每天的日常工作中,换句话说,对工作负责,即便是企业中微不足道的工作,也要百分百地尽职尽责,这是人生的一种境界,当这种信念贯穿在一个人的整体意识当中,渐渐就会演变成为一种处世的态度,而这种持之以恒的力量所带来的巨大成功,也许是你始料不及的。

一个女人无论从事何种职业,都应该尽心尽责,尽自己的最大努力,求得不断的进步。要把这样的原则,体现到每一个"今天"中,做事不拖延,虽然有时候不至于严重到"今天工作不努力,明天就要努力找工作"的地步,但是你的认真负责努力,一定可以帮助你,赢取明天的机遇。

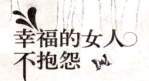
认真核实"每日备忘录"

在心理学上,人们把要记的东西用笔记下来而产生增强记忆的现象,称之为"备忘录效应",日常生活中常说的"好记性不如烂笔头"就是备忘录效应的例证。使用备忘录还有一个更重要的原因是人的记忆能力十分有限。心理学家艾宾浩斯的"遗忘曲线"告诉我们一个遗忘规律:刚刚学过的东西,30分钟后,就遗忘了30%~40%,90分钟后,遗忘就达到60%~70%,即遗忘进程不均衡,遗忘速度先快后慢,不进行复述强化,遗忘就趋于100%。当然,记忆除了与时间有关系外,还与记忆材料的性质、要求等因素有关,也与记忆人的兴趣、能力等有关。

学习是这样,工作生活也有着相似的特征。其实我们每天的生活也就是和各种人各种事情打交道的过程。有时候被繁多的事务缠身搞得焦头烂额,最后还是一点头绪都没有。人的大脑都有健忘的特征,尤其是事情一多,常常会有一拍脑门才猛然意识到忘记了某些重要的事情类似的情况出现,可是时间已经过了。"每日备忘录"则是帮助我们记忆的一种手段。

很多人都在用这种办法提醒自己要记得许多事。可是在我们的现实生活工作学习中,就有许多健忘的人。不仅耽误了自己的工作学习时候更重要的是耽误了自己的青春和发展前景,一个人在自己的人生和事业上,不怕你的准备有多么的充分,但是,如果你是一个很健忘的人,结果就会很糟糕。

那么什么是备忘录呢?一般说来,备忘录就是从1日到30日,或者从1月到12月,把你的各种信息议程都具体加以标记上的一个重要记录。我们可以利用我们办公室的台历,你大可将你所有的工作和议程还有特别的日子,加以标记和记录。我们更可以利用我们的办公电脑或者是商务通,它们可以起到同样的作用。那么每日备忘录就是你想记得却又不愿意记在脑海里的信息、文件、资料的存储器。同时需要时可以把它们找出来的地方。为了让你的每日备忘录成为一种有用的工具，你最好养成习惯，每天早上看看你自己记了什么事情。为了让它十分有用，要养成一种习惯，把你所能想到的，你现在有的想法和做法以及你以后想要提及的都记录在上面。现在你已经知道，你自己为什么不用把文件堆的满办公桌就能记得事情的缘故了吧。每日备忘录是一种和朋友、同事保持联络的方法。你无须因为要回信息而耽误了联络，你只要把信息放在你的每日备忘录里面。当时间到了要么通过电话要么通过网络来和对方进行联络，每日备忘录真的具有促进你自己与他人保持联络的能力。每日备忘录对你作出的决定也有很强的帮助和推动力，如果有人想听听你对有些事情的看法和建议，此时你无须凭空想象，只要通过你所看到的，表示出你的想法就行了。隔天再把问题和答案记录在我们的每日备忘录上面，可能的话不要隔得太久。当我们自己再看一次时，我们便能借机把原来的判断当成别人的，而重新加以评估。这样做我们将惊异的发现，我们自己作了多少愚蠢仓促和肤浅的判断。每日备忘录还有一个最大的好处就是，它能抑制我们自己的冲动，让我们明智的作出正确的判断，让我们少走许多的弯路找到人生和事业成功的捷径。

我们在人生和事业上会经历一个又一个的成功，但是，也会经历一个又一个的失败。我们应该在事情再次发生时，我们要回想起以前的种种情况和状况，想想我们自己曾经是否已经做过，而我们现在是否还想再次试试。不管怎么样，我们自己可以强烈的感觉到，我们在这段时间里的变化。其结果就是可能会引导我们走向新的目标和方向。那么，怎么样才能使我们可以回想起以前的事情？比如说一个项目做完以后，就很少有人再去经常关注它。如果日后如果这个项目突然出现什么异常，需要重新对当时实施这个项目的一些细节进行检讨检查，如果没有工作计划，很难把原来的情况准确地反映出来。这种情况下，工作计划就起到了备忘录的作用，它可以让你更快速、更准确地找出问题的所在。

不管你的记忆多么的深刻，但是，应该没有你手头上的备忘录清楚吧，因为当初你在每日备忘录里，就将事情的经过记录的清清楚楚，甚至还加以了新的点评和总结，所以说每日备忘录是对今天的记录也好似对明天的计划。只要你善于制定和利用，小小备忘录也能起大作用。

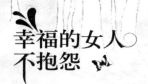

马上行动，不让困难
在想象中变大

　　"欲思其利，必虑其害，欲思其成，必虑其败。"我们在做事情时候，一定要谨慎，深思熟虑，然而，有一点不能忘记，该出手的时候绝不手软，过度的谨慎只会让我们错失良机，甚至寸步难行。

　　心动不如行动。现实和理想犹如被隔在河的两岸，唯有行动才是架起稳固的桥梁，度过湍急的河流，将理想变为现实。没有行动，一切都是枉然。反之，只要能够做到言必行、行必果，就能够取得非凡的成就。

　　有两个和尚，一个很贫穷，一个很富有。

　　有天，穷和尚对富和尚说："我打算去一趟南海，你觉得怎么样呢？"

　　富和尚问："你也想去南海啊？可是，你凭借什么东西去呢？"

　　穷和尚说："一个水瓶、一个饭钵就足够了。"

　　富和尚禁不住哈哈大笑，说："去南海来回好几千里路，路上的艰难险阻多得很，可不是随便说说的。我几年前就作准备去南海的，多年以来都想着买条船再去，但是到现在都没有成行。你就凭一个水瓶、一个饭钵怎么可能去南海呢？"

　　穷和尚没有再多说什么，第二天一早就踏上了去南海的路。他遇到有水的地方就盛上一瓶水，遇到有人家的地方就去化斋，一路上尝尽了各种艰难困苦。不知道有多少次，因为饥饿、寒冷他晕倒在地，因为路途坎坷曲折，他摔了多少次，然而他从没想过放弃，始终朝着南海前进。一年过去了，穷和尚终于到了梦想的地方——南海。两年后，穷和尚从南海归来，还是带着那一瓶一钵。那个富和尚仍然在为去南海做各种各样的准备工作。

一个人的思维决定他的行动，而结果则是由行动所决定的。在工作生活中，处处可以见到这样两种人，有的人每天沉浸于幻想之中，却看不到他的脚步往前迈过半步。就像那个富和尚一样，总是把前方想象得很险恶，失败了怎么办，遇到狂风暴雨怎么办，遇到歹徒恶人怎么办，遇到头疼发热怎么办……还是等做好了充分的准备，再说吧，等买好了船，还要储备好干粮，备好各种医药，最好请两个保镖……就这样他始终都停留于准备阶段，等到垂垂老矣，估计还在想着还有什么没准备呢?!

不行动，就难有作为。只有做到，凡事马上行动，立刻行动，你的人生才会不一样。

聪明的人也是雷厉风行的，那些看似可怕的困难和阻碍也会在你的"马上行动"中削弱，甚至变得微不足道，最终更快地抵达成功的彼岸。

或许我们从肯德基打开中国市场的经历中得到启发。

起初，公司派了一位代表到中国考察市场，他到了北京之后，看到街道上熙熙攘攘的人群，抑制不住内心的激动，看到这样热闹非凡的景象，他似乎看到了肯德基一旦打进中国市场那将会有一个多么美好的未来啊!这位代表带着这些畅想回公司汇报，然而总裁还没有听完他的这些美好想象就立即决定将他解雇。当时就派了另外一个代表到中国。

这位代表与上个人不同的是，他先是在北京几条街道测出人流量，进行了大量的实地走访，然后又对不同年龄、不同职业的人进行品尝调查，并详细询问了他们对炸鸡的味道、价格等方面的意见，另外还对北京油、面、菜甚至鸡饲料等行业进行广泛的摸底研究，并将样品数据带回总部。不久，那位代表率领一帮人又回到北京，"肯德基"从此打入了北京市场。如今，可以说肯德基的店面在中国各个城市随处可见。

或许，两位代表都会想到，任何事情都不会是一帆风顺的，前进的道路难免遭遇坎坷，但是第一个人却只停留于创意的阶段，而第二位代表想到了就去做，马上行动，他不但胸怀让"肯德基"驻足中国市场的美好创意，还坚定地通过行动来立即着手实现这一创意。在这样的行动中，他把精力和注意力放到了如何做，做什么，而不

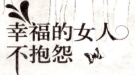
是止步于想象和困难本身上。

只有早日行动，才能早日取得成功。虽然说一次深思熟虑胜过百次盲目行动，但是，别忘了，一个行动胜过十个设想。一旦决定，就要立即行动。

马上行动，是现代成功人士的做事的重要理念之一，任何和规划和蓝图都不能保证你成功，而是只能在一步步的实践中才能不断的成长。美国著名成功学大师杰弗逊说："一次行动足以显示一个人的弱点和优点是什么，能够及时提醒此人找到人生的突破口。"没有行动，再好的计划也只是白日梦。

做一个有着果断决策力同时又有着坚定执行力的女性，现在就动手吧！做事的时候像男人一样勇猛。快速地选择，对于决定了的事情，就要马上去做，女人在处理事情的时候往往会带有女性自身的优柔寡断，虽然这样做不排除心思缜密的可能，或许你会想"这件事情不简单，我还是再准备准备，才能加大成功的可能性"。但是，或许就在你为增强自信和把握积极地做着努力的时候，机会说不定就从你身边溜走了。要明白，如果不行动，你就不知道前面到底有怎样的困难，总是在想象中止步不前，弄不清楚状况，就算是再多的准备也无济于事。任何一个成功的人，都不可能是在做好了完全的准备之后才行动的。

如果你脑海中想着一定要做好充足的准备，但是脚步仍在原地徘徊，就算前面是一马平川，你不迈开步子，你也永远体会不到成功的喜悦；纵使前面荆棘丛生，你不行动，就没有机会砍掉这些障碍，又怎么能阔步前行？马上行动，困难也会在你的行动中变得微不足道。

聪明的女人明白一个道理，那就是世界上的任何事情永远都不可能有完全准备好了的时候，你所认为的充分的准备在实际中随着时间的发展也有可能变得不充分。但是只有那些时刻准备着，时刻以进攻的姿态做事的人，才是最有可能获胜的。用行动去诠释自己的一生、去证明一切。

不为了面子充当全能的
"救火队员"

每个人天生都爱面子，都不喜欢丢人，面子指一个人的脸皮，代表着他的形象。谁不想给自己树立一个好的形象?有的人一掷千金，在吃喝上大讲排场、摆阔气，别人一看就知道这是一件多有面子的事情;有的人住豪宅、开好车，在别人面前多么光鲜亮丽，多有面子啊;有的人穿戴名牌，装饰高贵，在大家面前显得多体面啊……然而，如果仅仅是为了自己那一点可怜的面子，让自己奔波于所谓的形象大战中，除了受累，到头来无尽的委屈还是要自己去尝。

小可是朝九晚五的上班族，虽然薪水不高，但稳定的工作幸福的家庭生活也足以让不少人羡慕。小可为人厚道善良，但是唯一的不好之处就是太过热情，爱操心，对别人是有求必应，对待别人的事情比对待自己的事情还要上心、负责。用朋友的话就是"最大的优点是热情，最大的缺点就是太过热情"。从小到大，小可都是这样过来的，觉得这样做没什么不对，如果尽自己的努力能够帮别人解决一些问题，跨过一些坎坷，是多么好的一件事啊。但是前不久发生的一件事，让她感受颇深……

M是小可的大学同学，也是好姐妹之一。有天，突然打来电话问小可借钱，数目虽然不算太大，但是当时，小可卡里没这么多现银，大都投在股票期货上了。老公赚的钱还要用来房贷、孩子上学等等。看着姐妹着急，她也不忍心，于是，就找另外一个关系不错的朋友借。解释半天，终于借到，然后又转给了那位姐妹。那位姐妹真是感激不尽，说等过了这关，很快就还。小可觉得自己伸手解了M的燃眉之急，也很欣慰。

然而股市动荡难料，经验不足的小可投进去的钱最后却跌得让人心碎。本想等股票赚了钱，就先拿来还之前那个朋友的。这下倒好，不但亏着没钱还，又不好意思跟 M 要，因为 M 的情况刚刚有了好转，但还没能力还那笔钱。她就这样两头拖着，最后倒是弄得自己像个罪大恶极的人一样。

一个人善良热心，是一件值得赞扬的事情，小可这么做，也没有什么不对的地方。别人有难，如果自己伸一伸手就可以助他一臂之力，为什么不做呢？又何况与 M 的关系不是一般的亲近，都是多年的老同学和姐妹了。钱，这个字，处理不好，很有可能会让你失去朋友。

其实，我只是想拿这件事给大家举个例子。像小可这样的女人并不在少数。遇到朋友借钱，觉得拒绝别人的要求是比较没面子的事情，为了维护自己的尊严宁可让自己受损失或者遭罪也不辞劳苦地去做，觉得只有这样才能让人觉得自己很了不起，其实，这样的人只是满足了或许连自己都没有意识到的强烈的虚荣心。

好虚荣、要面子是攀比心理在作怪，总是怀着一种不比别人差或超过别人的心理，来显示自己的价值。其实，这更是一种务实的焦虑心理，等于为自己设置障碍。人各有所长，也各有所短。不要总是以己之短，追慕他人所长，这会让你常常力所不及。不能为了面子，就打肿脸充胖子。

每个人都希望得到别人的认可和尊重，这是一种本能的心理需求，但是如果因为"抹不开面子"而去拼尽一切的去维护自己的形象，到头来，只会加重自己的心理负担。死要面子活受罪一点也不假。

不要总是把自己想象成万能的救世主。今天，东家来求，自己拼尽全力去营救，明天，西家来找，又是拼尽全力去做，做好了还好，做不好呢？更重要的是，还有很多女人明明没有金刚钻，仅仅凭着一颗热心，一个冲动的头颅，就不断接下自己从来都做不了的瓷器活。接手前，信誓旦旦，心气极高，接手一看，傻眼了，但是又不好意思拒绝推脱，于是又不断找别人来帮。就这样绕来绕去，不但耽误了别人的事情，也没做好自己的事情。为"面子"奔忙，不如先做好自己能力所及的事情。

我们从小就常说这样一句话："帮助别人做力所能及的事情。"一个"力所能及"说得多好。我们每个人都有帮助别人的义务和责任，因为我们自己也会有遇到麻烦，求得别人帮助的时候，但是对于那些超出我们能力之外的，还是免了吧。不能为了自己所谓的面子,为了保持自己在别人眼中长期以来建立起来的"超人"、"超女"形象,就盲目地奋不顾身。

张弛有度,控制好自己的
生活节奏

生活中,常听一些女人喊出这样一句话:"生活真是太累了!"其实,生活本身并不累,它只是按照自然规律、按照它本身的规律在运转。抱怨生活太累的女人,问题可能就出在自己错误的生活方式上,不懂得调整才会觉得活的累和辛苦。

无论是在工作生活中,都要注意劳逸结合,不但会工作,还要懂享受。

随着经济的快速发展,现代人早已满足不了基本的物质生活,他们追求的是一种远远超越物质的精神享受。只有每天忙碌奔波、争分夺秒,才会有更坚实的经济基础,满足更高层次的精神享受。于是,生活中出现了脚步如飞、汗水如雨的生活场面。在许许多多个人都加速的节奏中,谁都不愿轻易停下脚步。这种生活状态犹如一块布满磁场的强大磁铁,任何人都被深深的吸引住。人与人之间仿佛又是相互镶嵌着的一个个齿轮,都被卷入其中,逃不掉、躲不开,只有不停地旋转着。

每个人都在尽情快速地燃烧着自己,人们似乎总是在赶时间,总有忙不完的事情,一个"忙"充斥了我们每天的生活。

但是,又有谁曾经想过,生活其实需要适当的停歇。你我都知道要把剑射得远,需要弓有弹性。生活中要把事情做成功,需要劳逸结合、张弛有度。或许,思考何时停下前进的脚步,做自我总结更重要。

生活的艺术,有时候不是"快"的艺术,而是"停"的艺术。早已习惯了快节奏的人们,

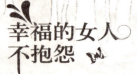

应该适时停下脚步,回过头看看自己走过的岁月,总结经验教训,计划接下来的行程,并随着事态做适当调整,这样,我们在人生道路上行走不会太累,生活才会更加精彩!

不懂得劳逸结合而导致工作失利甚至付出生命的例子也有很多,忙碌的工作让人们有时会应接不暇,可是,工作之余的放松也是至关重要,完全关系到工作的质量好坏。

经常会听到有关的消息和报道,某人工作敬业,但是由于工作过于劳累,精神可嘉,做事情都非常的投入,最后积劳成疾,病倒在自己的工作岗位上。

这样的事例让人们听到总是会有一种不忍之心,看来工作之余懂得享受生活才是当今这个竞争激烈的社会需要学习的一课。否则不注意的话,很有可能会为自己的身体健康付出代价。

工作太累会导致人精神紧张,生活规律紊乱,甚至影响到生活的状况。不过,如果太过于享受,也会让大家心智涣散,无精打采,人都是这样,太过于安逸,会让整个人懒怠下来,而再次投入紧张的工作中时,会非常不情愿,会导致人一事无成,碌碌无为。可以从锻炼、饮食、心态上等等加以调整,从而控制好生活的节奏。

1.放慢生活节奏

虽然工作还是要继续,但不妨多抽出点时间放松自己,做些自己喜欢的事,多陪陪家人朋友,同时尽量保持有规律的生活、充足的睡眠、适量的运动,对工作的过度劳累自然也就有抵抗力了。

在工作之余放松身体。健身就是一个最好的放松方法,现在很多白领选择瑜伽锻炼就是希望让全身以及思想得到充分的放松,一方面锻炼了身体,而且还达到了轻松与享受运动的快乐。

2.加强体育锻炼

体育锻炼可以消除生活的忙碌带给我们的紧张感。体育运动不仅能够让血液循环系统运作得更有效率,还能够强化我们的心脏与肺功能,直接地增强肾上腺素的分泌,让整个身体的免疫系统强大起来,从而有更强的"体质"去应付生活中随时可能出现的各种压力。我们可以持之以恒地从事各项运动,特别是做"有氧运动",例如游泳、跳绳、踩单车、慢跑、急步行走与爬山等。在运动中,我们将体味轻松和忘我的境界,享受大自然的美妙,心灵也会在天地相融中被净化。

3.保持宁静

保持宁静,是舒缓心中压力的另一条途径。宁静也是另一种有深度的调节,一种超脱,一种升华。马卡斯·奥里欧斯认为:"第一个原则是保持精神不要混乱。第二个原则是要正面观看事物,直到彻底认识清楚。"不要因为事情演变而扰乱了我们的精神,对生活中发生的事始终保持一份沉静很重要。

宁静,既是身外的安静,也是内心的镇静。保持宁静,可以意静守笃,调节身体气血运行的全面平衡,以达到养心健身的良好功效,而且还能全面仔细地考虑问题,有助于处理好周围发生的一切。所以,宁静不仅可以修身养性,也可以调节人的精神。

宁静,可以力戒虚妄,力戒焦虑,力戒急躁,力戒一切烦恼的事,做到心清意静,可以感觉到一般人感觉不到的东西。

4.合理调整饮食

要少吃油腻及不易消化的食品,多食新鲜蔬菜和水果,如绿豆芽、菠菜、油菜、橘子、苹果等,及时补充维生素、无机盐及微量元素,这不但有利于身体健康,也有益于保持一种愉快的心情。

随着社会的不断变革和生活节奏的加快,人们的情感、思维方式、生活方式、个人成就、人际关系等都在发生变化,现代社会中的人们面临的各种压力空前巨大,处理不当就会引发各种心理问题。

文武之道,一张一弛。紧张工作之后适当的放松有利于提高工作效率,张弛有度,懂得自我调节。人不能一直处于高强度、快节奏的生活中。要善于调节自己的情绪,缓解压力,使生活劳逸结合,张弛有度。

一曲好听的歌,唱起来一定是有轻有重,有快有慢,有高有低的,这就是节奏。一种理想的生活,也不能缺少合理的节奏。既有一日三餐的平庸,也有一年四季的起伏;既有八小时的紧张工作,也有工作之余的休闲、娱乐;既习惯家里的粗菜淡饭,也有时不时地去品尝饭店酒家的美味佳肴;既有十天半月的游山玩水,也有三五个月的连续工作。张弛有度,会工作也懂享受,这才是理想的生活节奏。

第 8 章

不抱怨情爱太乏味，

越是不敢投入，真情离你越远

爱，是一种体验。在女人的世界里，爱可以五彩斑斓，也可以平淡无奇。有许多女人，一面抱怨自己的爱情乏善可陈，一面又因为太重得失或者太怕伤害而不敢去爱，其实，幸福的定义不是完美而是充实，心中有爱的时候，顾虑不要太多，无论怎样，让自己酣畅淋漓地真爱一场，不要让生命空留遗憾。

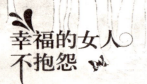
嫁人如等车，不要为期待下一辆的舒适而空余嗟叹

　　如今早已不是父母之命媒妁之言的年代，每个人都有选择另一半的权利和自由。但凡天下女子都希望能够和自己心仪的那个男人共历悲欢，即便不能收获惊世骇俗、感天动地的爱情，然而能够和那个人平淡快乐地度过一生也是人生莫大的幸福。

　　有人曾把爱情形容成是狗熊掰棒子。狗熊走在玉米地里看到这么多的玉米高兴的手舞足蹈，掰了一个拿在手上，走不了几步，就看见前面还有更大的，于是就扔掉手中的这个，去掰那个更大的，然而每次都是在掰完更大的之后，总是有比自己手中更好更大的出现，于是就这样反复前进着，一直到了尽头，双手空空，身心疲惫，到头来也没有找到最好的那个棒子。

　　女人在对待爱情的时候，是不是也犯了这样的错误呢？不断放弃现有的生活，不断向着更好更高的目标进发，最后还是一无所获，岂不悲哀？

　　其实，嫁人也和等车一样，你在路边翘首以待，可是你等的那辆车却迟迟不来，好不容易等到车来了，却发现已经是人满为患，于是就放弃了上车的机会，心想下一趟车或许会好些，可是有时候因为缺乏耐心，于是随便上了一辆开过来的车，上车后，却后悔地发现，你所希望的那趟车从你身旁飞驰而过，而你所要做的只是多等那么一小会儿。

　　女人在等待自己的另一半，等待幸福的到来。然而对方却迟迟没有出现，于是不再继续等待，急匆匆地嫁掉。等到真正深入了婚姻，却发觉这根本不是自己想要的，但后悔已为时已晚。女人有时候就是一个典型的矛盾体，总以为前面还会有更好的更合适的爱在等着自己。当上车之后却发现，方向错了，或者路线错了，根本就不是自己要等的那辆车，于是留下满腹的叹息和悔恨。

嫁人和婚姻犹如等车，人们在等车时大都有这样的心理，看着拥挤的车厢，总想着下一辆会空一些；等到有了空一点的车，又在考虑下一辆会不会有空调，反正总觉得时间还多，可以再等一等。等来等去，要么挤上了环境更差的车，要么耽误了行程。

或许就是，你等到的那一趟永远都不开来，你不等的却总是接二连三。又像一场闷热的旅途，当你经过长时间苦等，好不容易找到一个座位时，你会听到耳边传来一个意外的声音：本次列车已到达终点站。

女孩在选择结婚的对象的时候，也会无期限地相信下一个才是最好的，于是一拖再拖，等到人老珠黄，也没有等到。千万不要为期待下一辆的舒适而错过时间。

对于没有到来的未来，没有任何一个女人有百倍地把握，你无法预知向你驶来的是什么样的一辆车，更无从知晓你等到的将是一个怎样的结局！

很难预料你等来的是不是就是张无忌那样的人，张无忌跟很多女孩子都说过让人感动、让人倾心的话。在他跟周芷若举行婚礼前，张无忌说，至此再也不见赵敏，只想着和你厮守终身；在少林寺谢逊呆过的地牢里，张无忌跟赵敏说，等到哪一天，我不再是明教教主，我们就在湖边搭一个小屋，种花种草，赏荷观莲；张无忌似乎也跟小昭说过，要一辈子不离不弃之类。最终，张无忌晚上闲逛到小酒馆，与赵敏再续私情；最终，在与周芷若的婚礼上，二女争夫、血溅华堂，张无忌还是禁不住赵敏的三言两语，抛开喜堂，随赵敏而去；最终，张无忌带着一丝丝眷恋看着周芷若头也不回地拿着倚天剑离开，然后跟周芷若击掌为誓，不知道又许下了几多生死相依的诺言。

张无忌说那些话的时候，未必不是真心。他说想跟周芷若儿孙满堂，他确实是这样想的，婚礼现场，新郎官喜气洋洋，那个时候，赵敏确实被远远的抛在了脑后；他说想跟赵敏过着世外桃源的生活，他也确实是这样设想的，美貌的女子、神仙般的生活，向往这样的日子并不是张无忌的异于常人之处。赵敏好像从来都没有问过，张无忌到底爱不爱她，她或许觉得没有必要询问，她或许不敢询问，因为她知道张无忌一出口便有可能是彻彻底底的打击。最终，周芷若替赵敏问出了答案。在周芷若的再三逼问之下,张无忌终于开口说,对小昭是怜惜,对珠儿是感激,对芷若是敬重,对赵敏才是刻骨铭心的相爱。

这句话,金庸白纸黑字明明白白写在纸上,但是连他自己也未必相信这句话是肺腑之言,张无忌爱谁,想必连他自己也不知道。

我更相信张无忌在地牢里拥着赵敏说的那段"无心之言",他说,赵敏为他付出了那么多,他一直觉得亏欠,所以一定要好好报答赵敏。

这句话,才是张无忌的真实想法。在张无忌的情感世界里,哪一个女子嫁给他,都是他莫大的福气,但无奈身边的女子太多,赵敏灿若玫瑰,周芷若美若幽兰,小昭身上充斥着淡淡的异域风情,而珠儿却是情深意重。当年四女同舟时,张无忌便默默在心中实现四女共侍一夫的梦想。无法抉择之时,张无忌只能把这些女孩的付出当作自己选择时的衡量标准,谁付出的多,张无忌就会选择跟那个女孩子在一起。这是一个男人爱无能的表现。

从某种程度上来讲,张无忌并不值得爱,因为他的爱太泛滥,就像是一杯绝好的咖啡被太多的水稀释,最终淡而无味。张无忌的感情,最终也是寡淡的。他不懂爱,他不爱其中任何一个女子,他只爱他自己。

其实细细想来,赵敏与其他的女子相比,并没有太多过人之处,她只是太能付出,太不计后果,她对爱情的狂热付出超过了张无忌的底线。所以,张无忌跟赵敏在一起,并非爱,更多的是报答。

如果一个女子只有在付出到一无所有的程度才能获得所谓的爱情和所谓的厮守,这种卑微的爱情,不要也罢。倘若当年,小昭并没有远赴波斯,被抛弃的周芷若并没有一怒之下误入邪路,而是在喜堂上大方得体苦苦死等,这个故事的结局,不知道要被改写多少次。

赵敏得到张无忌只用了一个办法,那就是让他愧疚。表面上赵敏达到了目的,事实上,赵敏的委屈不知道有多少。她就像一朵卑微的花,低到了尘埃里。

当一个男人因为不得不选择你而选择你的时候,这不是你的胜利,这是你的悲哀,因为你永远无法证明,这是不是退而求其次的结果。如果是,你情何以堪?你的价值,本应该更大。"仙侠情尽梦已远,惟余嗟叹悲流年。"世事无常,不能为期待下一辆车的舒适而空余嗟叹。

　　的确，婚姻是女人的第二次生命，一个不幸的女人可以因为一次成功的婚姻而改变自己的一生。嫁人，其实就是嫁给了一种生活方式。你选择什么样的人，也决定了你将选择什么样的生活方式。相信每个女人的内心深处都有一种最柔软的期待和最美丽的渴盼，当她闭上眼睛，默数着数字，当睁开眼睛的那一瞬，希望在固定数字出现的那个人就是自己的真命天子，就是上天注定的缘分。然而，并不是每个女人在转角处都能遇到真爱。你等待的那个人不一定就是和你共度一生的人……

　　当你认准了自己的婚姻和生活，就像分清那一辆才是你要等的车，并要坚持走下去，如果你是一条鱼，就嫁给波澜壮阔的大海；如果自己是只鸟，就嫁给明媚蔚蓝的天空；如果只是一株娇小无名的花儿，就安安分分地嫁给花盆吧。

勇敢地去爱，一张白纸式的生活并不值得追求

　　"曾经有一分真挚的爱情放在我面前，我没有珍惜，等我失去的时候，我才后悔莫及，人世间最痛苦的事莫过于此。你的剑在我的咽喉上划过吧！不用再犹豫了！如果上天能够给我再来一次的机会，我会对那个女孩子说三个字：我爱你。如果非要在这份爱上加上一个期限，我希望是———万年！"看过大话西游的人对这几句话都耳熟能详。虽然这是至尊宝对紫霞仙子说的一个谎话，也是他自己认为最完美的一次谎言，然而就是这段谎话因为经典成就了永恒，人们并没有因为它是谎言而遗忘它、痛恨它，反而成了人们烂熟于心的经典。

　　说到"爱"，是一个伟大而永恒的话题，人类的笔触永远都无法写尽它的美丽和

光芒。

《泰坦尼克号》中一位画家和一个富家小姐的不羁之恋，唤醒了我们对爱情的超价值思考。爱情可以战胜一切，身份、财富甚至生死。那份悲壮每个人都刻骨铭心。战争中的《魂断蓝桥》缠绵悱恻，造化弄人，给整个爱情披上了悲剧的色彩。更有超越界限，跨越阴阳的人鬼之恋，无不让观众为之动容。基耶斯洛夫斯基《关于爱情的短片》，一个青年学生通过望远镜"偷窥"一个女画家的生活，并爱上了她，试图接近她，但是遭到拒绝，她对生活中突然闯入的这个不速之客是倦怠的没有信心的，她早已不再相信所谓的爱情。在感到自己受到她的羞辱之后他割腕自杀，想结束自己的生命。而她因为深感负罪前来请求得到原谅时，通过他"偷窥"的望远镜，她看到在自己厌倦、沮丧、绝望地啜泣时是他走过来安慰她，这在现实中没有出现的一幕让她热泪盈眶。这种爱的绝望和无能为力又鼓励着我们尝试着去爱一个人。无论如何，因为爱而不免带来的伤害，都不足以使人们放弃爱与被爱的渴望，因为爱，同时又是拯救与赎罪的希望和力量。

还有弱小的简爱，在伤心失望之时对罗切斯特先生坚定地说出："你以为，因为我穷、低微、不美、矮小，我就没有灵魂没有心么？你想错了！——我的灵魂跟你的一样，我的心也跟你的完全一样！要是上帝赐予我财富和美貌，我就要让你感到难以离开我，就像我现在难以离开你一样。我现在跟你说话，并不是通过习俗、惯例，甚至不是通过凡人的肉体——而是我的精神在同你的精神谈话；就像两个都经过了坟墓，我们站在上帝跟前是平等的——因为我们是平等的！"

如果说影视和文学作品的爱对我们来讲是惊世骇俗，遥不可及的，但是这一切都是来源于生活，都是人们美好理想和渴望的真实写照，或许就在我们的周围，还上演着因为勇气不足而错过了和爱神牵手的机会的故事。

亮子，身材好，相貌又出众，大学时期做了四年的文艺委员，每逢学校组织文艺活动的时候，舞台上都有她的身影，在大家的眼中，她就像一只美丽的蝴蝶，每天飞来飞去。她的身边总是有很多的追求者，可是她却始终像一位高傲的公主，对这些火热的追求都极其冷淡地回绝。

其实，在她的心里，早已经有了心仪的对象，就是隔壁班的班长，又是学校体育队的先锋王浩。王浩家庭条件很好，是家里的独生子，爸妈都是重点大学的教授。亮子和王浩是学校里最为善良的两颗星，很多人都称他们为校花校草，天生一对，地设的一双。然而，这两个人在路上迎面路过的时候，彼此也只不过是礼貌性地对对方笑一下，甚至连一句话都没有说过。

亮子是一个安静的女孩，从不喜欢将自己的感情张扬表露出来，总是在暗地里注意着王浩的一举一动，将这份喜欢深深地埋在心底，还悄悄打听王浩的一切，但是她从来都不敢和任何人说起这份爱慕，更没有勇气表白。当想到自己只不过是来自于很远的一个农村的普通女孩，而对方是出生在一个富有的城市家庭的时候，骨子里的自卑就会沉沉地压抑着她的呼吸，一直到毕业，亮子的心都因为暗恋而备受煎熬。后来从一个朋友那里，她得知在大学这几年，王浩也一直关注着她，只是两个人都因为选择了暗恋和等待，而错过了美好的期许和浪漫的情感。

或许会有人说，王浩为什么没有先表白呢？其实，在爱情面前，是没有什么谁先谁后的，每个人追求幸福的权利都是平等的。如果亮子能突破自己的矜持和自卑，或许今天的他们就会有另一番快乐和幸福。遇到心仪的对象，勇敢地去表白，大胆地追求自己的幸福，不能因为自己是女人就裹足不前，这绝不是让女人放弃传统或礼节，而是很多时候，幸福只有你自己才能做主。勇敢地去爱，能让你走进彼此的内心，能让你多一种深刻体验生活的方式。

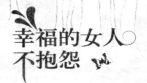
对幸福敏感的女人
更有吸引力

有人说,感觉粗糙一些,多爱自己一些,你就会开心不少。其实这和敏感的人大多不太幸福有着相同的道理。不少人认为,女人如果太敏感,就很难生活得幸福。

其实,任何事情都不是绝对的,那些对爱和幸福有着敏锐感知力的女人,犹如温度计,对于天气冷暖的变化有着非同一般的感知。她们还往往有着一颗知足常乐的心,这样的女人也比旁人更有吸引力。

假若一个女人对男人的要求太高,男人无法满足,时间长了,也会感觉身心疲惫,还有什么兴趣、快乐可言?这样的女人只会让男人望而生畏。我们从有吸引力的敏感女人身上一般可以看到以下一个或者几个方面的特质。

1.善良

善良,作为女人的一种优秀品质,是她们为人处世的表白,是她们体现人格魅力的一面,更是她们真正吸引男人的独特禀性。男人眼中的女人应该很善良,所谓"人之初,性本善",善良的女人即使外表不漂亮,不引人注目,但她的一举一动却显示出内心的丰富与深厚。女人如果拥有一颗善良的心,就会很善解人意,变得极富感情。

她可以俭朴却心志不变,也可以委屈而不失自尊,善良的女人不会怨天尤人,不会满腹牢骚,即使有一天年华老去,但那颗善良的心却永远不会荒芜。男人选择女人,绝不是从这个女人的容貌去判断,他考虑得最多的是这个女人品性的善良。

2.独立、有主见

有吸引力的敏感女人是独立的,这种独立不是与外界抗争、我行我素的独立,而是一种更高的境界，能够在精神世界中独立行走。

做事有主见。当别的女孩因为种种原因在都市生活的浮躁与繁华中迷失了自己的时候，她依然保持着自己最纯真的一面。不会随波逐流，能够站在现实的基础上清醒地审视自己的一切。

3.自信

一个不自信的女人，会轻而易举地失去主宰自己感情和幸福的机会。在这个处处充满竞争的社会，那种自怨自艾、柔弱无助的女人已经无法适应这个社会的发展。男人不再是女人的主宰，女人也早已不是男人的附庸。女人学会自我拯救和自我完善永远是最重要的，而自信的女人可以坚韧地和挫折作战。面临挫折，她可以快速调整自己，使自己恢复到最佳状态，这是现代的生存之道。自信的女人不一定在外表上貌若天仙，但她内心透露出的那种自若的神情，她挂在嘴角浅浅的笑意，足以使她变得美丽，足以让她光芒四射！女人有了自信才会懂得欣赏自己，有了自信才会变得优雅而且高贵。

4.智慧、有知识

男人喜欢的女人应该是充满智慧的。一个聪明的女人懂得哪些是至关重要的，哪些是无关紧要的家庭琐事，以自信和宽容来对待身边每一个人，不会斤斤计较，在平凡中散发出女性独有的魅力。

一个聪明能干的女人可以给男人带来无限的光荣，还可以满足人人都有的那一种虚荣之心。试想一个漂亮的女子再加上她满身的才气，那将会展现出多大的魅力啊！

5.温柔而通达

男人喜欢女人的温柔，因为女人的温柔能给男人的心灵取暖。然而这种温柔绝不是没有节制没有原则的泛滥之爱。

在这个年代，男人不再习惯固定在一个小小的居室之中，这样女人更应该学会调适自己，不要一味地为情所困，以至让感情取代了生活的全部。有见地和胸怀的女人，男人自然会感到她的可爱。然而男人爱上一个女人的同时，并不希望在爱的约束下丧失自己的一方世界，男人在乎爱情的默契、宽容和理解。毕竟，在男人的眼里，爱情并不能代表人生的全部。

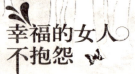
聪明乐观的女人往往能尝试着让自己的心灵变得通达起来,让爱在一种平淡中走向坚固和永恒。

女人的外貌、才学固然重要,然而对很多的平常人来说,女人的吸引力不全来自外貌,更重要的则来自性格和心灵。诚然,女人不是为了吸引别人而活着,但是要走好自己的路,不要去管别人怎么说,也是一门极其深奥的学问。那种对爱和幸福敏感的女人才有着无限的吸引力,才是男人相伴终生的最好选择。

不知足的女人嫁给谁都会后悔

常言道,知足常乐,知足是福。一个懂得知足的人,能从清苦中品味出人生真谛和人生至福和生之快乐。

明朝的时候有一个人,家境贫寒,一边教书一边还要努力耕作,才可以解决温饱问题。这个人有一个习惯,就是每天傍晚的时候,都要到门口烧香。九拜苍天,以表对上天赐给他一天清福的谢意。妻子笑着问他:"我们一天三餐都是菜粥,怎么能谈得上是清福呢?"只听他解释道:"我首先很庆幸生在太平盛世,没有战争兵祸。又庆幸我们全家人都能有饭吃,有衣穿,不至于挨饿受冻。第三庆幸的是家里床上没有病人,监狱中没有囚犯,这不是清福是什么?"

每个人对幸福的理解和感受都不尽相同,但是有一点是一样的,那就是如果没有知足的心理就会一直在寻找幸福、追逐幸福的道路上奔忙着,因为不知足的人总以为前面会有更好的等着自己,而对近在身旁的幸福视而不见。

当爱情的符号被名车、豪宅所曲解的时候,幸福也在和人们捉迷藏,在若隐若现中拷问着人们的内心。

女人总是梦想着心中的那位王子有一天能够开着宝马、手抱鲜花朝自己走来,那将是多么浪漫多么幸福的时刻。即便每一个女人都能够梦想成真,然而在随着时间的脚步随着岁月的流逝,或许忽然有天就发现自己当初看上的这个男人是多么的令人难堪,于是就开始想着逃离、挣脱……其实,有的时候,不一定是男人出了问题,而是女人的心理发生了变化,一个知足的女人就是坐在破旧的自行车后座上,手拿男人刚买来的廉价冰淇淋也会觉得满心甜蜜,幸福快乐。只有那些不知足的女人嫁给谁都会后悔。

过够了穷苦的日子,希望能碰到解救自己的男人出现,运气好,他出现了。于是过上了住别墅穿丽服,进出都有私家车接送的日子。人人羡慕她有一个这么能挣钱的老公,然而过不了多久,她就开始不断地抱怨,当初怎么会接受这个人呢?每天的时间大都用在了工作和应酬上,满脑子都是利益的计算公式,这么有钱的男人没想到还这样锱铢必较。

嫁给有闲的男人,每天都有人陪伴,他事情很少,记性好,你的生日,你们的结婚纪念日,甚至你妈妈的生日,他都会记得一清二楚。他每天按时回家,还做得一手好菜,愿意陪你逛商场,很会教育孩子。你每天生活在他的包围之中,应该了无遗憾了吧?但是这种男人往往能力有限,或许没有很多的钱,你必须千辛万苦和他一起打拼,才能获得一份温饱生活。看到别的女人养尊处优,年过四十依然面容姣美,而你年纪轻轻,已经皮肤粗糙,玉手变形,就会不甘心——别人怎么能嫁个"钻石男人",自己怎么嫁了个"破铜烂铁"?

有钱的男人往往没时间,他们一天到晚忙忙碌碌,而将女人搁置一边,受到冷落的女人可以在电视上、美容上、购物上挥霍着大把的金钱和时间,但是忍受的却是精神上的空虚无聊,空有表面的一袭华丽,内心的苦涩煎熬只有自己知道。

一个貌比潘安的男人给过你无尽的想象和虚荣的炫耀,他或许会在你的生日上信誓旦旦地说一声只对你一个人好,但是那些经不起美女佳丽大献殷勤的帅哥,他的艳遇和感情生活也会呈现出五彩斑斓的光芒,这样的男人就算有心和你共度一生,恐怕女人自己也不情愿。

总算是找到一个朴实敦厚的男人,这下可以一百个放心了,因为他绝对会对你忠心耿耿,不会有丝毫的二心,身边擦肩而过的绝代美人,从不会多看一眼。但是,这样的男人往往又愚钝得可怕，他不会注意到你新换的发型，不会看到你特意为他而穿的新鞋子，甚至当你伸出手问他带什么样的手套，涂什么颜色的指甲油好看的时候，他却是一脸茫然。和这样的榆木疙瘩一样的男人在一起，生活没有任何的情趣可言，你会有种空有美貌无人欣赏的愤恨和可怜。

嫁给会说甜言蜜语的男人，你的心情会格外舒畅，这种男人聪明心细，善于发现女人的美。你换了一个发型，换了一件衣服，甚至换了一种牌子的口红，他都会及时发现，并马上赞美。他会别出心裁地夸奖你透明的耳垂，夸奖你浑圆的脚踝，你会在这种被人欣赏的感觉中陶醉——因为有些美你自己都未发现。可是，你应该清醒一下，这种男人也很善于发现除了你之外的其他女人的美。他会把甜言蜜语说给很多女人听，你甚至都不知道你是第几个听到他甜言蜜语的人。这种男人很危险，一不小心就会在外面竖起几面"彩旗"，在情感上与别人"分一杯羹"，你会内心充满痛苦和耻辱的。

嫁给专业人士似乎不错，比如律师医生，婚后遇到什么事情都有人护航。这类人较有素质，一般不会发生秀才遇见兵有理说不清的悲剧。可他们通常都很忙，半夜要出诊，假期不见人，而且可能不浪漫，有一种严谨的职业病，把你一个人困在婚姻里哀嚎。

嫁给教师，他们很难有升迁机会，不大会给你惊喜。其工作方式就是从低年级向高年级爬，然后直线下跌，周而复始，乐此不疲。他们的优点是每年会有三个月可以做家庭妇男，并且免费为子女做家庭教师。

你也许会说，嫁给既有钱又有闲，既有情趣又忠贞不渝的男人，肯定不会后悔。是这样的，但是，世间没有这么完美的男人。即使有，我们也配不上——因为我们自身不够完美。因此，嫁给谁都后悔，我们只能守着一份凡俗的婚姻，谁都不能幸免——因为我们都是有缺点的人。这很无奈，但这就是生活。也许谁都不嫁不后悔，但形影相吊比后悔更可怕。

一个女人对生活的期望不能过高。虽然谁都会有些需求与欲望，但这要与本人的能力及社会条件相符合，不能生贪婪之心。"知足"便不会有非分之想，"常乐"也就能保持心理平衡。对现实和已拥有的不满足，这无异于给你本来已经很沉重的生活再添一重负。如果没有知足常乐的心态，当周围的女人最近添置了什么饰物时，你就会向往，并决心超过她；当某位女同事有了什么样的房子时，你也会在老公面前发牢骚；当邻居的孩子读了什么重点学校时，你也要攀比攀比，让自己的孩子也去上……而当所有的这些不能得到满足时，你就会陷入严重的心理不平衡，或者为了得到它们而忘记做人的基本准则和规范，最后生活变得愈加沉重、愈加没有情趣、愈加感到压抑。更别说是要选择一个共度一生的人了！

　　一个不知道满足的女人，不管嫁给多么成功的男人，即使自身拥有有呼风唤雨的能力，她也很难感受到生活的真谛，很难把握住生活中点滴的幸福。女人要懂得知足，只有这样，才不会在岁月里走向庸俗。想由心生，所见皆所想。心中有快乐，所见皆快乐。心中有幸福，所见皆幸福。一个知足感恩的小女人，见山山笑，见水水笑，这才是一个女人应该达到的境界。

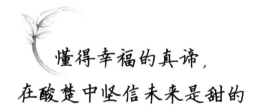

懂得幸福的真谛，在酸楚中坚信未来是甜的

　　午后的阳光温柔地透过窗台，你手握一杯奶茶，看着窗外时而飞过的鸽子，独自享受着难得的宁静，一瞬间感觉幸福也如阳光一般钻进了你的心底；和心爱的人一起漫步于雨中，就算是雨水打湿了长发，心中却溢满了说不出的甜蜜和开心，多希望时间能够静止，永远停留在这美好幸福的一刻……

　　每个人都在追求着自己想要的幸福，其实幸福更多的则是一种感受，一种心境，一种生活的态度。一个有着坚定信念和乐观精神的女人，即便是身在苦难的深渊，也能用幸福的念头拯救自己，得到重生，领悟到幸福的真谛。

　　这是在大学同学聚会上听来的故事。毕业十年了，十年的时光，足以改变很多人很多事。当初那帮叽叽喳喳的女生一个个都变得成熟而稳重。多年未见,都有着说不完的话,谈论彼此的工作和生活,谈论老公和孩子。

十年前,凤不顾大家的劝说执意嫁给了同班同学昊宇。因为昊宇出生在一个不幸的家庭,父亲早年去世,和母亲相依为命,家庭条件本来就不好,这下日子就更难过了,可是不幸总是接踵而至,就在昊宇考上大学那年,他的母亲突然瘫痪了。姐妹们也是为凤好,担心这样一个生在独生子女家庭、条件又好的女孩,受不了这样的委屈,担心她嫁过去之后,能否吃得了那份苦,担心他们以后的婚姻能否幸福。

凤无法割舍这几年来和昊宇之间的感情,不顾众人的反对毅然和他走进了婚姻的殿堂。婚后的生活不再像以前那么轻松了,每个人身上都多了一份责任,一份担子。婆婆瘫痪在床,昊宇一下班就往家奔,能推掉的应酬一律推掉,就是为了有了更多时间来陪伴母亲和妻子。

凤尽心尽力地伺候着婆婆,其间的辛苦和劳累可想而知,昊宇很是心疼,只要在家就争着和凤做家务,晾晒衣服,打扫为生。虽然日子过得很是清苦,但是每天都能听到他们开心的笑声和对未来的憧憬。这样特殊的家庭,让昊宇更加懂得奋斗,工作上也比以往更加踏实上进。为了把这几年欠下的外债尽快补上,两个人省吃俭用。曾经在那段最困难的日子里,为了筹钱给婆婆看病,两个人一起出去摆过地摊,卖过烤红薯,在飘雪的夜晚,不慎滑倒,彼此握着冻红了的手,眼里酸楚的泪珠和雪花一起化作心中暖暖的感动,那一刻,他们就默默发誓一定要给对方幸福。

就在去年,凤的婆婆去世了,带着感动和放心安然地走了。九年来,凤在婆婆身边整整伺候了九年,从来没有任何怨言,面对残破的家庭,她用自己的孝心和温柔勇敢地挑起了生活的重担,面对生活的打击,她用坚强与乐观和丈夫一起坚定地携手向前。这一切,都因为她心中有爱,有着对昊宇的爱,对家的爱,对生活的热爱。瘫痪的婆婆并不能成为他们生活的累赘。

一切不幸在真爱面前,都会变得微不足道。能够接受苦难,并且在苦难中尽心生活,那么苦难就能变成催开幸福之花的肥沃土壤。一个面对苦难能够感悟到幸福味道的女人,必定是一个可以幸福一生的人,因为她们的内心本来就充满着感恩、乐观、爱和幸福。

生命中很多的事情，不是我们所能掌控的，但我们能够正确地把握自己。当你为每天的生活疲于奔命、疲惫不堪的时候，你或许抱怨过，但是当你有勇气从黑暗中抬起头，才会有机会看到头顶射来的一束亮光，向着光明走去，才能将痛苦的阴影甩在身后。如果你能够在艰苦的跋涉中，还能有心欣赏路旁盛开着的小花，品尝早晨的滴滴甘露，那么你的内心也一定不会因为贫困而干涸，不会因为困境而憔悴。每个人孜孜以求的幸福，其实就在你的手里，在你自己的心里……

认可和崇拜成就好老公，打击和不屑造就坏男人

在人们的心中，男人就要顶天立地，就要担负起家庭的全部责任，在女人看来，依靠男人也成了天经地义的道理。如果生活将自己推给了一个并没有辉煌事业、没有腰缠万贯的男人怀中的时候，你或许会抱怨不跌，抱怨自己的男人没有出息、没有前途，或许这只是为自己所遭受的"不公"鸣冤击鼓，殊不知，你有意无意的话语在男人的心中已经造成了不可估量的伤害。

渐渐地，他在自己心中的形象也因着你的打击和不屑变得愈加模糊和脆弱，曾经的斗志早已不在。人都有一种倾向，就是依照外界所强加给他的性格去生活。我们在生活中也常常会看到这样的事：对一个小孩子说他很笨拙，他就会变得比以前更加迟钝；如果赞美他有礼貌，他就会对你"叔叔"、"阿姨"叫得更甜。成人也是一样，假如像他已经成功那样对待他，那么在无意间，他就会表现出超常的能力。因此，每个妻子对自己丈夫的称赞，都是对丈夫的一种激励，这比直接"教训"的言语，更能推动他满怀激情地尽力去把事情做好。反之，如果像下面这位女士那样一味暴

露、责备、指责，只会使男人的意志更加消沉，更加自卑，更加无地自容，更加不思进取，并最终一事无成。

D女士当初是因为被丈夫的才华所吸引而嫁给了他，结婚之后，当初的浪漫被生活的现实所掩盖，面对工作生活的压力，每天一到家，D女士看到丈夫房间弄的满屋子的书，就忍不住来气，还经常在别人面前唠叨丈夫：天天就知道抱着书本，又不能当吃当喝！电视坏了都不会修，好不容易做顿饭，搞得满屋子都是油烟。丈夫的缺点和不足在众人面前暴露无遗，人们一看到她的丈夫就想起"穷秀才"的形象。

很对人都渴望着另一半能比别人的另一半更有钱，更有实力，但是却从不知道如何去帮助对方发展他们的事业，成长他们的人生。甚至连一句鼓励和赞美的话都吝于表达。当你对着他称赞别人的老公有多帅，多有钱而抱怨他没有本事的时候，你不知道这对一个男人来讲是多么大的伤害和打击。如果你用一颗包容的心，试着去赞美他的所作所为，就能用心感受到彼此的爱。

要知道，每个人都是需要鼓励和支持的，一句温暖的话语可以给人无限的动力，可以激发他迎难而上的力量和信心。

适当地表达崇拜，能够让你的男人产生一往无前的勇气和动力。无论是谁都希望得到别人的崇拜，都希望被人用尊敬、仰视的眼光看待，这也是人之常情。而对一个处于成功之巅的男人来说，这种渴望崇拜的心理会更加的强烈。而女人的崇拜会让男人更受用，这种崇拜是对他成绩的最大肯定。而对于那些正处于人生低谷的男人来说，你简单的一句："没什么大不了的，你行的，我相信你！"他沉重的脚步也将变得轻快无比，困难和挫折也在瞬间变得微不足道。

在男女相处中就有了这样一个原则：作为女性，不要对男人的要求过于苛刻，过分挑剔，更不要拿别的男人和他来比较，应当温柔地鼓励他、赞赏他，为他打气加油，努力寻找他身上的闪光点。当他把一件很平常的事情做得非常圆满，当他向他的梦想迈出了小小的一步，女人就应该马上开始赞美他，这个时候女人的赞美不仅仅是一种肯定，而是在向他注射自信，这样也倍增了自己作为女性的魅力。同时，女人的赞美会改变男人的人生观和整个处世方法，让男人感到他有义务和激情去更努力地工作，为了家庭、为了妻子、为了两人以后的美丽人生而努力，最终获得更大的成功。

聪明的女人能够时时注意到丈夫的长处，还能将丈夫的缺点减低到最低的限度。无论一个男人长得美丑、事业是否成功，他都希望自己在女人的眼里是最棒的，懂得认可和崇拜男人的女人，生活终将会还给你一个成功的老公。

总之，你希望男人能做好饭菜，就夸他厨艺高超；你希望男人多干家务，那你就夸他勤快能干。真诚的赞美和激励，值得所有的女人们去尝试。

当你抱怨男人没有出息、窝囊的时候，看看是不是自己成了那个让男人不断泄气的锥子，时不时地在男人的心上戳上一个致命的伤口？男人还没来得及为生活拼搏，却在你的"酷刑"下伤痕累累，再也没了向上攀登的力量。

认可和崇拜绝不是溜须拍马，不是虚伪做作，而是成就好男人的助推器。你的一句话一个鼓励的眼神就有可能让他改变对自己的整个看法，并由此产生强大无比的力量。相反，你的抱怨和不屑则又可能让男人陷进万劫不复之地。

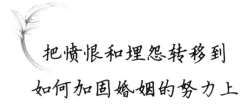

把愤恨和埋怨转移到 如何加固婚姻的努力上

在婚姻关系日益脆弱的今天，很多人会问这究竟是怎么了？许多人都有过这样的体验，人若长期接触同一事物或从事同一工作，就会产生疲劳感。人到中年，对于毫无变化的婚姻生活也会产生"爱情厌倦"心理。那么，怎样才能维持美满的婚姻和理想的家庭呢？

从浪漫的恋爱步入现实的婚姻，这前后的变化以及各方面带来的身心负荷的加重，消磨着彼此之间的温存。婚前的你无忧无虑，在家受父母的宠爱，出门被男子追求。真是要风得风、要雨得雨。而婚后的你要面对公婆、小姑、丈夫的朋友，这繁复的人际关系就把你弄得应接不暇,而持家的压力和养育后代的责任又令你有些手足无措,这些都给你们原来简单的感情罩上了一个重重的壳,生活在几年之中发生的巨大改变难免使你觉得无法承受。

当你抱怨自己被沉重的生活压得无法喘息的时候,当你怒火中烧的时候,不知道你是否留心过,有些本应该可以避免的错误却很有可能让夫妻之间的战争升级,以致给婚姻生活造成了难以修复的裂痕。

1.动辄就对你的爱人进行人身攻击

女人爱发小脾气,这一点可以理解,但是不能因为一时冲动或许只是图个解气,就想尽办法灭掉丈夫的嚣张气焰,毫不留情地将对方的弱点和痛处生生地摆在桌面上,这个时候,你有没有想过,这是对男人最大的伤害?你把他的脆弱当成是出气的理由的时候,你带给他的就不仅仅只是伤害,还有可能是对他的羞辱。可想而知,你们之间的感情也会在你的口不择言中受到重重的创害。

2.爱翻旧账

任何时候最好都要对事不对人,就事论事,不要对每次的争吵都耿耿于怀,没完没了地翻出过去的一笔笔旧账只会使他更加反感,还会让他觉得你对你们的婚姻不满已久,从而产生无所谓或消极悲观的心理。

3.乱摔东西或破口大骂

据调查女人这两个举动是最令男人反感的,他会认为你缺乏最基本的教养和素质,而且这种行为是有了开始就会愈演愈烈,如果你打算把你的丈夫吓跑,不想再跟他继续生活了,你就可以采取这种发泄方式。

4.迁怒于孩子

当不满无处撒泻,孩子就成了你撒气的对象,这种迁怒于孩子的行为是最愚不可及的,夫妻之间的争吵和怨恨就已经让人头疼,让孩子陪着受罪,对整个家庭的和谐又增加了不利的因素。

与其将精力耗费到无休止的争战之中,不如心平气和地坐下来,想一想该如何消除彼此的怨恨和矛盾,打造一份持久的婚姻生活,让爱与婚姻同行。

5.注意对方的感受

处理日常生活中的任何事情,都应优先考虑配偶的正当感情要求,只有把夫妻情感看得重要时,生活中的各方面关系才会平衡。

6.陪他一起面对挫折

相对于女人,男人的内心是封闭而孤独的,当他遇到挫折的时候,作为妻子的你该怎么办呢?他为掩饰自己的内心脆弱,不得不学会假装,以免丢失了面子。这种假装是被迫的,它使男人内心封闭而孤独,其实你的丈夫和你一样,他的生活里有风有细雨、杨柳依依,同样也会遇到狂风暴雨、电闪雷鸣。所以,作为一个称职的妻子,在把丈夫的衣食住行打点妥当的同时,还要做好准备,和你的丈夫一起面对人生的挫折,陪伴他走过生命的灰暗地带。

7.应尽量使家庭生活丰富多彩

可经常举办一些诸如结婚纪念、生日纪念之类的活动,可通过家宴、野餐、外出旅游等形式,回忆往事,加深了解,及时进行爱的滋润,这会燃起对爱情、对生活的新的追求。

8.不要期望过高

女人大多是理想主义者,在她们眼中,幸福的婚姻生活都有着玫瑰一样的颜色和浓烈的香味。然而如果常常抱着过高的期望将会带来不可避免的失望,处于这种状态中的女人,总是感到现实远没有想象中的好,会不由自主地将自己的男人和家庭同别的男人和家庭相比较,于是就会徒增很多抱怨和烦恼,只有将自己的期望值降下来,放到一个合适的位置,才能知足常乐,也有助于婚姻的和谐安定。

9.不时赞美对方

不要认为配偶的长处是应该具有的,而缺点是不可容忍的。而应使对方感到他在生活中占有重要地位,双方都是对方的精神支柱,都是对方获得幸福的源泉,因此又何必吝啬赞美之辞呢?

10.努力提自己各方面的修养

这是保持吸引力的重要手段。夫妻既是一个共同生活的整体,又是两个独立的个体,只有双方共同提高,才能使婚姻稳固和谐。

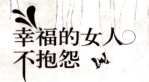
以感恩之心来营造两个人的天堂

在现实生活中，往往有这种情况，脾气暴躁的妻子和说话迟钝的丈夫一同外出赶车，一路上喋喋不休地对丈夫说："快点走，车快开了。"

或者是交代对方做一件事，结果没做好，就毫不留情地说道："怎么连这点小事都做不好，真是没用。"

总之总是用一种严厉无情的态度，时时给丈夫撒下不满的种子。她看不惯丈夫没有别的男人那样威风、有本事，但又要时刻追随自己。这样的夫妻关系一辈子也不会有出头之日。

经常批评别人的人，往往看不见自己的缺点。总认为自己了不起，批评别人"为什么就做不到"，什么事认为自己都行。

换一个立场，对方能做到的，自己做不到的事，是经常有的，只是经常有的，只是自己没有注意罢了。

结婚多年的夫妻，两个人的能力和性格当然都有所改变。对方有不足之处，应该弥补对方之不足。自己的优点应该发扬，不要要求对方也和自己一样，因为你的优点，也可能是对方的缺点，应该用自己的优点，弥补对方的缺点。如果做妻子的这样说："相信你一定可以发挥自己的长处。"并做出支援的姿态，推动丈夫向上，即使丈夫懦弱，这样做也能焕发出干劲来。如果一味地说"你太差劲了!"会使丈夫更加自卑，成为一个性情懦弱的人，有潜力也发挥不出来。

妻子的指责无非是恨铁不成钢，想叫丈夫把潜力挖掘出来。丈夫没有干劲，妻子应该敲敲警钟，但不能唠叨，更不能轻侮，唠叨与轻侮都是有失修养的体现。

作为妻子，指责或是挑剔都是不应该的。一个家庭，首先要有"欢乐气氛"。如果丈夫潜力没有发挥出来,应该给他创造一个发挥潜力的环境。

当你对丈夫的平凡生出诸多抱怨的时候,别忘了提醒自己,你处处看不惯的他在别的女人眼里或许就是一个无价之宝呢,只是你长久以来的求全责备的心态,让你再也看不到他身上闪亮的地方。

很多时候,主动权掌握在女人手中,如果你换一种眼光,换一种心态,去看待你的丈夫,或许就会是另一番场景。

起初,谁都不看好他们的婚姻。他高,她矮。他帅,她丑。他脾气暴躁,而她,大他三岁。不和谐的地方太多。但,最终他们还是走到了一起。

可是,婚后不久,他的缺点暴露出来了。性子急,动不动火冒三丈,一点小事便脸红脖子粗。愤怒时,拍桌子,骂人,摔东西也是常有的事,仿佛她成了他的出气筒。

每次,他冲着她大喊大嚷,她不争执,也不辩解,只默默地转身,到厨房里,倒一杯白开水。杯在手中,热气袅袅上升,她静静看着,眼里含着泪花。

十分钟过去,水凉下来。他在她身后叫嚷得口干舌燥,她将水递给他,说:"喝点水吧,压压火。"他端起杯子一饮而尽,火气也随着浇灭大半。

他平静下来时,她劝他:"何必发那么大的火?伤人伤己,那件事不是应该那样的么……"

他心服口服地听。遇事发火,已经理亏三分,况且她说得有理有据。

末了,她说:"你做错了,写份检查吧。"他顺从地拿起纸笔,认认真真写起来。

没过几天,这样的情形再上演一次。他依然控制不了自己的坏脾气。她依然不说话,含着泪,倒一杯白开水,等着十分钟过去,用水浇灭他的火。事后,他再写一份检查。

他愤怒的吼声,常常听得邻居们一愣一愣的。大家很为她抱不平。

一次,邻居问她:"怎能忍下那么大的委屈呢?"

她想了想,说:"因为爱他,也就能容忍别人容忍不了的缺点,再说他也不是一无是处啊。"邻居听了,唏嘘不已。

这话传到他的耳朵里,他一愣。他从未想过,他发火时,她要承受多大的委屈?一杯开水凉下来的时间里,她要用多少忍耐,来抵制伤害?拉开抽屉,抽屉里是他写的几十封检查书。他对她发过多少次脾气?记不清了。

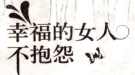
他悔恨地用手捶自己的头。

后来,再想发火时,他不等她转身,自己先大步走进厨房,倒一杯白开水。杯在手中,热气袅袅上升,他看着,等着,十分钟过去,将水一饮而尽,火气消下去。

她在一旁诧异地看着。

他说:"以后,休想让我写检查。"

大家看到他越来越多的变化:脸上笑盈盈的,家里总是传出朗朗的笑声,在单位里,与同事的关系更融洽了……

和谐的婚姻需要彼此的宽容,需要爱的忍让。忍一时风平浪静,退一步海阔天空,这是一种智慧,在婚姻中更加关乎彼此的关系和谐与婚姻的幸福。很多时候,唯有爱与宽容才能真正化解危机于无形,并且能让彼此都变得越来越好。

夫妻本是同林鸟,如果在对方有困难的时候,不能伸出援助之手去帮助,那还叫什么夫妻啊?一日夫妻百日恩,走到一个屋檐下,就应该对对方尽到一些责任和义务。能走到一起的人,能会有什么样的深仇大恨呢?夫妻之间需要感恩,因为感恩,所以在有争执和矛盾的时候,可以记起对方曾经对自己的好,因为感恩,才会有这样的包容和忍让,也正因为感恩,彼此的生活才会发生如此大的变化,感恩可以缔造长久的爱和幸福。

第 9 章
不哀怨男女关系太伤人，
先让自己的浪漫幻想回归现实

在感情的世界里，不是只有美好，也有伤痛，有阴影。对爱渴求的女性，总是抱着一种对爱的美好幻想，旁人对此亦无可非议，但是，不能被爱冲昏了头脑，男女之间的相处，更需要智慧，当女人对人性的了解达到了一定的层次，才有能力消化感情生活中的纷争和烦恼。

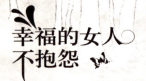

爱情不是童话，
但生活并不缺少快乐

或许每个女人都曾做过公主的梦，尤其是对于大多数以爱情为主食的女人们，总是误以为爱情就是童话。

女孩喜欢上了男孩，可是男孩的心并不属于女孩一个人，他几乎是"见一个爱一个"，后来又沉迷于赌博。女孩身边的人都劝说她早点离开这个男友，因为大家一致认为这样的男人不值得去爱。可是女孩面对周围人们善意的劝导每次都坚定地摇头，并说自己有信心也有耐心等待男友浪子回头。还天真地认为，只有她这样的女子才愿意接受像男孩这样的人，如果没了她，男友去哪里找一个像女孩一样包容他的人呢。女孩告诉自己一定要等下去，直到自己的付出得到男友的感动，相信他一定会有回头的那天。

后来怎么样了，不得而知。爱情的力量的确很伟大，然而这种伟大绝不是源于那种无意义的执著。女人，要有判断爱情价值的标准和原则，犹如上文中的男孩，爱得太过泛滥，就不再是真爱，他的所作所为早已经脱离了爱的正常轨道。爱情不是童话，也不是每个女人都可以充当救世主，或者是圣母，可以拯救、包容、感化一切"恶"。当你的心在童话故事中迷失，你的爱情也将注定会是悲剧。

伟大的丹麦作家安徒生因为童话故事而世界闻名，然而当他在心爱的女人叶琳娜面前，却"连一段过眼云烟的爱情都没有力量和勇气承受"。

叶琳娜曾经对他说："当你老了，被病痛缠绕，只要你说一声，我便会徒步越过积雪的山岭，走过干燥的沙漠，到万里之外去安慰你。"由此可见，叶琳娜是爱安徒生的，爱得坚定而真切，然而安徒生的惧怕和躲避让她又心生无限的惆怅和失望。

面对一份美好而真挚的爱情，安徒生选择了离开，他试图在逃避中寻求解脱。他抛却了爱情，却抛不开深深的思念。他刻意躲避着叶琳娜的目光。

无论多么美好的爱情，也经不起太长的等待。就这样，望着安徒生的背影，叶琳娜带着对安徒生的爱也走了。

自此，两个人终生再没有相见。

安徒生曾经说："我们想象中的爱情比现实中所体验的要美得多。"

也许是他一直沉浸在自己的童话里，而惧怕现实中真正的爱情，爱情于他已然成了一种沉重的负担，他只好在想象中，无数次地创造和欣赏那永世不灭的璀璨光环。或许童话承载了安徒生满腔的爱情和相思。

安徒生把童话当成了自己的爱情，同时，他又把爱情当成了童话。只是，这个世界上，爱情从来都不是童话，童话也始终都不是爱情。

在言情小说、流行歌曲里，在电视荧屏、电影银幕上，爱情可以是童话，但一旦放到现实生活里，所有的浪漫情节都只是对爱情美丽的误读。现实中的爱情，不是空中楼阁，两个陌生的男女因为好感而彼此吸引而走到了一起，或许曾经美好地期许着"不在天长地久，只要曾经拥有"，但是很多时候，美丽的鲜花在一颗"恒留传"的钻戒面前，却变得黯然失色。当爱情发展成婚姻，就不可能超越于人间烟火，离不开很多物质作为基础。我们可以把许多对爱的完美解释寄托于童话里，但是，爱情——并非童话。

期待收获幸福的女人，不能在童话世界中沉睡，不管梦中的你是多么骄傲的公主，是多么完美的结局，但只要你睁开双眼，就不能再对爱情抱有天真的幻想。

当你把对未来的期待转移到自己身上的时候，你会发现，或许你永远都不会等到那想象中的王子，但是你却可以找到那个真爱你的好男人，这样的你和这样的他在一起，终究会过上实实在在的真正的幸福生活！

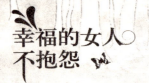
婚姻使男人从"激情"回到"常态"

古往今来,爱情一直都是经久不衰的话题,无论是梁山伯和祝英台,还是罗密欧与朱丽叶,那些美好的爱情故事,每每谈起都令我们唏嘘不已。文学作品中的爱情故事,结局无外乎两种,或悲或喜。

然而当经历了悲欢离合终成眷属的情人们,迈进婚姻的门槛之后,那种热烈的感情还能保持多久?人们或许不相信天长地久,但谁都渴望和相爱的人一生相守。走进婚姻的殿堂,做了柴米油盐的夫妻。可随着彼此的熟悉和了解,两个人逐渐麻木,趋于平淡。那种一日不见如隔三秋的感觉再也找不回来。面对男人感叹:"握着老婆的手就像左手握右手"。女人会抱怨:"嫁给你,我真是瞎了眼,倒了八辈子大霉了"。于是对爱情地老天荒的传说产生了怀疑,觉得自己找错了人。

为什么在恋爱的时候,男人的心全部都在女人身上,他所做的事基本上是围绕着女人来做的。在男人眼里,恋爱的时候,女人有着无法拒绝的魅力,男人的热情高涨,愿意为他心爱的女子做一切事情。时不时地还会有很多意外的惊喜出现。

新婚的时候,彼此对对方都是有吸引力的,因为必定新的完全不同与以前的生活才开始,大家都是好奇的。所以,一下班,男人就往家里跑。

所以,为什么太多的人总说恋爱的时候,刚结婚的时候他对我是怎么样怎么样的。现在又不怎么样怎么样了。其实这都是一个误区。必定人,特别是男人,他不可能永远的围绕着一个女人在家里打转,如果真是这样的话,或许女人又要说他没有出息、没本事。

当激情过去,爱情能维持多久?据科学家研究,爱情是一种化学作用,在这种作用下男女分泌出一种物质,这种物质只能维持六到十八个月,之后爱情就变得平淡。

所以激情过去，爱情仍然存在，只是此时的爱情不单单是两个人的事，而是一个家庭的事。花前月下的浪漫逐渐演变成不忍割舍的亲情，对家庭的责任把两个人紧紧的连在一起。既然曾经相爱过，既然山盟海誓过，那就在激情过后，延续你的爱吧，哪怕那已经不再是爱，也别轻易说分手！

婚姻更多是责任，而不是激情。如果婚姻变成鸡肋，食之无味，弃之可惜，那将会是一种怎样的悲哀？

杨蕾是个 80 后的阳光女孩，曾经为爱疯狂地追求过，好事多磨，在经历了一番折腾之后，终于和男友牵手走进了婚姻的殿堂。

婚后不久，她就开始和好友抱怨家庭生活没有意思。想想恋爱时的美好，再看看现在，她就有一种说不出来的委屈。老公每天忙于工作，不再像以前那样时刻围着自己转，再也没了之前的那种憧憬和浪漫，一种无法言说的倦怠困扰着她。日子过得也像白开水一样平淡无味。

恋爱之所以美好，在于它的浪漫与憧憬。婚姻的残酷在于它能轻而易举地毁了这种浪漫与憧憬，因为在婚姻里，我们不再躲藏和掩饰，时间一长，就会发觉，在希望与现实之间，爱情最后的香气离我们而去。

其实，真正的婚姻经得起平淡的流年。疯狂的激情过后，并不一定能修来婚姻的稳固。如果他真的爱你，你就没有必要去为对方细水长流似的温情而指责，等到你们老得哪儿也去不了，他还把你当成手心里的宝，在那个激情褪去的时刻，留下的温存却是永恒的真情，或许这也是另一种形式的激情吧。

多数进入婚姻后，两人长时间厮守，生活杂事的纠缠，确实很难保持长期的激情，实际上婚姻较多的是一种责任，特别是有孩子，形成了家庭，这时并非单纯两个人的事，责任就更大了。在一个家庭里，最重要的事情，是全家人的生存，生活的安排成了每日必然的首要任务。不可否认，激情会消退，如没有思想准备，就会感到原本的激情仅仅是昙花一现，心理上无法接受。在婚姻家庭中激情必将日渐淡化，慢慢地变得很平淡，这种平淡的日子长了，也就成了习惯，习惯也会慢慢的成了相互依赖，这种状况可以说是婚姻的正常规律。

也许，萦绕在你耳边的不再是当初的甜言蜜语，他也不再像当初那样时不时给你礼物给你惊喜，但是他会在外面保持内心的品质，不花心，让你放心；也许，你们没了约会时的浪漫情调，但他下班会带回你最爱吃的零食；也许，你们没有很富足的经济条件，但彼此真诚相待，生活得很踏实；也许……

换一个角度去看待，幸福的婚姻就是平淡中的踏实。平淡中不是没有爱，爱就包含在平淡的每一瞬中。真正幸福的婚姻就像煲汤，需要温火慢慢炖，这样做出来的汤才有令人回味的醇香。

不要总是拿婚后的生活和恋爱时候的情景相比较，在埋怨对方的改变的同时，看下自己其实也不再是当初的自己了。或许他很久没有给你送花了，但并不代表他对你的关心有所减少，或许他很久没有对你说"我爱你"，但这也绝对不能证明，他对你的爱有丝毫的打折，其实，这种变化并不是你们激情和爱情消失的表现，或许这正是人生的常态，其实，太过热烈的情感维持不了多久，一切都会归于平淡，珍惜这种平平淡淡的幸福吧。

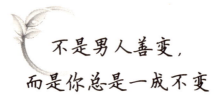

不是男人善变，
而是你总是一成不变

每个女人都希望那个可以托付终身的男人，一辈子都会对自己好，用情专一、不离不弃，如果能这样相扶一生，日子就算平淡如水、波澜不惊，那也算得上一种至大的幸福。然而，对新鲜事物的好奇是每个人的天性，感情也不例外，好在还有道德可以约束，但是，认真问下自己，就不难明白，没有哪个男人乐意每天对着一张永久不变的脸庞，一成不变的生活，起初可以理解为稳定，但是却也是另一种形式的一潭死水般的宁静。

有人曾对婚姻做过简短的概括,婚前是甜言蜜语,婚后是冷言冷语,离婚是不言不语。恋爱时受荷尔蒙的作用,身上的优点会在彼此的眼睛里无限地放大,牵手走近婚姻,浪漫甜蜜的激情一过,夫妻两个就要面对琐碎的生活,随着两个人更进一步的了解,新鲜感也渐渐消减至无,感觉和态度必然会发生变化。

很多人都觉得,在感情得到前和得到后,男人有着截然不同的态度。

感情本来就是两个人的事,无论是在得到前还是在得到后,然而不论男女,人总是有新鲜劲儿的。当你好不容易买到橱窗里令你魂牵梦萦的钻石,时间久了,也会慢慢觉得,和橱窗里摆放着的那些钻石相比,手上的这颗也不过如此。

不妨举个例子吧,在柜台里看中一颗钻石,当时买不起,于是拼命攒钱,最终把那颗魂牵梦绕的钻石买了下来。这个时候,这颗钻石在我们的眼里是那么的完美而高贵。当我们好不容易买到手,心里的欣喜自然不用多说。于是每天戴在手上,时间一久,慢慢会觉得,不过如此。在柜台里看见其他钻石,甚至会发现手上这颗似乎不那么的闪耀了。说到,终究不过是颗石头。

女孩有着孩子般纯真的笑容,这吸引了男孩,他一心想要把她追到手。两个人的恋情刚刚经历完了四时的变化,在第二年初的时候,男孩选择了分手,原因是女孩太天真幼稚。女孩怎么也不明白,就连当初在男孩眼里闪烁着光芒的亮点如今在男孩心里再也湮没不见,她哭着问自己:"明明是男孩变了心,为什么还要把错误归到我的身上?"

我们不要做一成不变的女人,试想,如果每天,他面对的都是同样的你,这种一成不变的生活,久了也会演化成一种压抑,这样的氛围对于爱情是个危险的信号。

就算是发自肺腑的"我爱你",日复一日地做着机械的重复,也会变成爱情的牢笼,窒息幸福本身的新鲜和幸福感。

不要错误地认为,两个人经过了身心的交融,就合二为一,再也不分彼此,永远不要因为你们的感情好得没有一丝缝隙,你就可以不修边幅。每个人都喜欢美的事物,正如食色性也,爱美也是人之天性。不能因为你在厨房辛勤劳碌,为家庭尽心尽力,就可以蓬头垢面,就可以改变男人喜欢亮丽女人的本性。

女人,不要总是一成不变。其实不是男人善变,而是他更喜欢"善变"的女人。变,

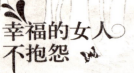

可以让生活充满新意,可以为平淡的婚姻充实进新鲜的因子,增添足够的情趣。

善变的女人,才风情万种,魅力无限。有人说,每个女人都有两个版本——精装本和简装本。前者是在社交场合给别人看的;后者是在家里给丈夫看的。而婚姻中的丈夫往往只能看到妻子的简装本和别的女人的精装本。于是老公们总觉得与自己天天一起工作的女同事们个个赏心悦目,却没有意识到自己的媳妇儿同样也是其他男人眼中的大美女。那么,每天以素颜或者简装面对老公的女人,偶尔以精装的自己出现在老公面前有何不可呢?

女人,应该拿出自己的智慧与才情,学会七十二变。变,不仅仅指外貌,更包括内涵。要由外而内、由内而外的变。从家庭的布置、个人的容貌、二人的情感娱乐到自身的气质、修养、情趣等,都应当随着社会的发展、周围环境的改变而适当的加以更新和变化。变出你的个性、涵养,你的韵味和新意也要跟着改变。

只有变,生活才不会一潭死水。变,能使女人在平淡的婚姻中保持新鲜,能使家庭生活不落俗套、充满情调,变,能使女人妩媚多姿,风情万种,魅力无限,活力四射……

家,成了善变女人最原创的艺术品。善变的女人会在家中摆放各具情趣的小饰物,给爱人泡一杯好茶,给自己放一首好曲,让家充满温馨,给家人一份好心情,这样的女人是可爱的,她让生活变得有意义,有新意,给人不同的感觉,让人对生活充满了好奇,她是一个会理家的女人,为家庭生活创造了一个更好的环境。

女人的一成不变,不一定能消除矛盾,反倒会令彼此的指责抱怨火速升温。许多女人走出校门之后,心智和灵性就停止了成长,当男人将她了解透彻之后,又怎么能继续保持倾慕的感觉呢?女人不变,男人就会变!绝大多数的不愉快都是因为女人不肯随着婚姻生活的变化而改变才导致的。

有智慧的女人,不会像一只被榨干汁水后被丢弃的橙子,她应该像一株生气勃勃的树,春华秋实,枝繁叶茂,每个季节都有其独特的美丽。这样的女人,可以赢得更多流连的目光,这样的婚姻,也一定充满着新奇和浪漫,无需爱人的海誓山盟,自会天长地久。

脾气和眼泪，都不能对伤害免疫

什么样的人就会有什么样的性格，性格不同，脾气也各异。不同的人在遇到问题时，处理的方式也有不同。有的人性格沉稳，不管事情有多紧急都能镇定地想出最合适的方法，有的人则恰恰相反，一点风吹草动都能搅得鸡犬不宁。

中医有云："怒伤肝、喜伤心、思伤脾、忧伤肺、恐伤肾"。火冒三丈、忧思过甚非但不能解决问题，也无益于身体健康。其实，很多时候我们也只注意到了自己的感受而忽略了对别人的影响，其实当你大发脾气的时候，在对自己造成伤害的同时也在伤害着别人。

从前，有一个男孩，脾气很坏。为了改变他这种脾气，爸爸给了他一袋钉子，告诉他，当他每发一次脾气就在院子的栅栏上钉一颗钉子。第一天，这个小男孩总共钉了37颗钉子。从第二天开始，他就注意控制自己的脾气，发现钉的钉子逐渐减少，这说明他发脾气的次数也在减少。终于有一天，他发现那一整天一颗钉子也没钉，他终于不再发脾气了。他高兴地把这件事情告诉了爸爸。

爸爸拉着他的小手走到栅栏旁边，说："从今以后，如果你一天都没有发脾气，就可以拔掉一颗钉子。"日子一天天过去了，最后，钉子全被拔光了。爸爸再次把他带到栅栏旁，说："孩子，你做得很好。可是看看栅栏上面的这些钉子洞，也许永远也不可能恢复如初了。就像你忍不住发脾气的时候，你就在别人的心里留下了一个伤口。"

面对工作的压力、生活的重担，很多时候，我们是不是在做着钉钉子的男孩所做的事情？当我们无法控制自己的情绪的时候，爆发的脾气就像一颗钉子钉在了别人的心上，也钉在了自己的心上。要知道，心灵的伤口比身体的伤害更难恢复。

男女之间的关系如果处理不当，也会在对方的心里钉下钉子，留下难以磨灭的伤害。女人相对男人来讲，情绪或许更容易激动，人常说，男人用理智对待感情，女人用感性处理问题。因此，感性的女人，在遇到棘手问题的时候，不妨深呼吸，让自己静下心来。脾气和眼泪，有时候只会让矛盾升级。

阿芸除了脾气暴躁之外，本是一个很优秀的女孩，有着一份令人羡慕的工作和漂亮的脸蛋。家庭条件的富足也让她长期以来都有着一种养尊处优的态势。她身后不乏众多追求者，但是都没有一个能让她看上眼的。后经人介绍认识了现在的男友，对方高大英俊，人品又好，工作也好。用很多人的话说就是天生地设的一对儿，两个人很快就陷入了爱河。从恋爱到结婚用了不到九个月的时间。

婚后，小两口的日子也甜蜜如初，只是少了最初的激情。两个人又因为都忙于工作，所以除了回家，别的很少有时间在一起。这天，阿芸身体不舒服，向公司请了病假，在快到小区门口的时候，发现前面有一个人的背影很熟悉，很像是自己老公，只是旁边却多了一个女孩。她的神经立刻敏感起来，就悄悄地在后面跟着他们，直到他们走进附近的一家咖啡厅。阿芸顿时火冒三丈，心想，好啊，你们，竟然背着我偷偷地在这儿约会。她二话没说，径直走了过去，朝着那个女孩打了一巴掌，嘴上还说着一些难听的话。安静的咖啡馆立时沸腾起来，所有的目光都聚在了他们这个角落。

后来阿芸才明白，那个女孩，本是丈夫大学时期的女朋友，两个人有着很深的感情，后来却因为阴差阳错，彼此失去了联系，这次在路上偶遇，只是出于多年不见的礼貌，以同学之名随便聊聊。但没想到妻子阿芸的一个巴掌，给了丈夫和那位前女友极大的难堪和愤怒，之前，出于对阿芸的爱，他才会容忍她的这种坏脾气，才会和她结婚，但是这次丈夫无法原谅阿芸的所作所为，两个人的婚姻很快陷入了危机。一纸离婚协议撕碎了两个人曾经以为会地老天荒的爱情。

遇事不分青红皂白的女人，会很容易将自己推向万丈深渊，疯长的脾气只会让自己变成一个随时都有可能爆炸的火药桶。用情绪和哭泣去还击委屈或者伤害，得来的并不是伤口的愈合，很有可能是旧伤没好，新伤又添。

避免婚后的落差，
明白婚姻是生活方式的选择

　　爱情能否经受住生活的考验，相爱容易相处很难，婚姻真的是爱情的坟墓吗？为什么原本相爱的两个人，在一起生活，最后却形同陌路，究竟是什么导致了围城里的男女情感缺失了最真实的灵魂。或许，你当年为了那个人苦苦追寻，到最后却发现他并不适合你的生活。男女在热恋的时候，散发的那种闪亮的光环，和婚后的柴米油盐粗茶淡饭的生活形成了鲜明的对比。随着岁月的流逝和渐趋成熟的年龄和心灵，当女人经历了生活所需要和真实感受的爱人与当年年轻时那种不成熟和理想化的择偶观念形成了落差，于是就不由得开始怀疑自己当初的选择是否正确，就在这不断的怀疑与抱怨中，婚后的各种落差也在不断撞击着女人原本并不算坚定的心灵。

　　艾米丽，在家排行老二，上面有一个很能干的姐姐，姐妹俩年龄相差6岁。在结婚前艾米丽是一个无忧无虑的女孩，家里所有的事情几乎都没有令她操心过。因为她是家里最小的小孩，爸爸妈妈都很疼惜她，姐姐也很宠她。就这样快乐地长到了谈婚论嫁的年龄。后来认识了一个叫风的男孩，两人一见钟情。不到半年的时间，就结婚了。婚后艾米丽和老公以及他的爸爸妈妈共同搬进了一栋三百多平米的大房子中。公婆都是当地比较有名望的人，老公的薪水不算丰厚，但是工作也相当稳定。自从结婚那天起，她就在心底告诉自己，从今以后，自己要尽到做女人的责任，不能再像以前那样了。由于婚后的那一阵子，自己还没有工作，就主动承担了家里的所有家务。

　　老公比她大两岁，可从来都是衣来伸手饭来张口，心情不好就会挑她的毛病，说房间卫生没打扫干净衣服洗得也不够及时，还说自己没结婚时他会把房间打扫得很干净，他现在不打扫了是因为娶了老婆，这就该老婆打扫。后来她找到了一份工作，又报了一个培训班，时间安排的满满的，在压力袭来的时候，很想找老公聊聊天，然而不但得不到他任何安慰，还会时常被他奚落，说她不愿吃苦。老公自己工作的事情也很少跟她谈过，但凡艾米丽多说一句，他就觉得她在啰嗦，本打算好好沟通，但每次都会变成争吵。好几次，因为一点小事，都会引起老公极大的烦感，为此他常常出去和朋友打牌，直至深夜才回。他还经常看球赛到凌晨两三点才睡觉。

　　艾米丽想想婚后这不到一年的时间里，发生的变化，不知道自己究竟错在了哪里。恋爱的时候，就是看中了老公的体贴和热心才毫不犹豫地嫁给了他，但是婚后这短暂的时日，却让艾米丽痛不欲生，懊悔自己当初看走了眼。

　　或许，艾米丽和他老公两个人都没有错，错的只是双方都不够了解对方，错的是生活本身。其实，生活中还有很多女人有着和艾米丽相似的遭遇。有多少人在不懂爱情的时候恋爱，不懂责任时结婚，不明白义务的时候生子。婚后柴米油盐的生活，渐渐磨平了女人最初的希冀和梦想。由于各种原因导致的落差让女人在无奈中迈不开前行的脚步，在辛劳中抱怨着自己的不幸。

　　婚前那个在人眼中绝顶绅士的男人，婚后很有可能就是将臭袜子满地乱扔；婚前两个人一起设计的蓝图和期待，婚后的实现很有可能无异于艰辛的跋涉。

　　婚姻是两个人一辈子共同的事业。恋爱的时候追求的是浪漫，而婚姻却因为务实才能久远。在不懂得生活的年纪里仓促结婚是很多女人都在犯的错误。男人婚前的表现和信誓旦旦不一定在婚后保持恒久不变。当你决定嫁给一个人，就要明白，自己同时也嫁给了他身后的整个社会关系，嫁给一个人，就是嫁给了一种生活方式。这个世界存在不食人间烟火的烂漫，却鲜有不食人间烟火的婚姻。明白了这些，或许就能在选择结婚对象的时候少一些冲动和盲目，婚后就能少一些失望和落差。

第10章
不忏悔钓鱼者太阴险，
暗中练就见微知著的眼力

　　一段美好的恋情或者姻缘会让女人更加幸福，爱情上的失误也会让女人的生活失色。这不是命运的惩罚，"可怜之人，必有可恨之处"。当女人抱怨有人欺骗了你、伤害了你的时候，要知道，你的错误不是义无反顾地去爱了，而是爱了不该爱的人。幸福的女人，需要有一双见微知著的眼睛，真挚和虚伪会在这样的女子面前顿时变得清澈可见。

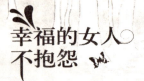
总把宽容用错地方，
就别怨被毒蛇咬伤

宽容是一种美德，能引发别人的良好回响，收到"和风抚花，花香和风"的奇果；宽容也是一种风度，它可以把心底的暗流和漩涡化为一江春水，它可以像阳光消融积雪般化解彼此的误会和矛盾。宽容是一种道德修养，可避免无意义的争端和挑衅，使生活更加明亮；宽容也是一种境界，有着生活大境界的人，不论大事、小事、喜事、尴尬事，都能以宽容的心态对待。宽人即宽己，宽己即宽心，生活总是艳阳天，快乐悠悠。

有一位老禅师，入夜归来，发现有个小偷正在庙内翻东西。他怕惊吓着小偷，便悄悄地站在门口。找不到任何财物的小偷悻悻离开时，却在门口遇见老禅师，一时惊愕不已。老禅师脱下自己的外衣披在小偷身上，说："你走老远的山路来探望我，总不能让你空手而归呀！夜深了，披上这件衣服走吧。"不知所措的小偷低着头溜走了。

禅师看着小偷的背影消失在山林之中，不禁感慨地说："可怜的人啊！但愿我送一轮明月给你，照你下山路吧。"第二天，禅师在温暖的阳光下睁开双眼，看到昨晚自己披在小偷身上的外衣叠得整整齐齐，放在门口。

是宽容让小偷在禅师的感召下有了反省和顿悟，老禅师心田中捧出的一轮"明月"，在照亮小偷的同时也照亮禅师自己，使其人生变得更加纯净、美好。

冻僵的蛇碰到了好心的农夫，善良的农夫用一种宽容大度的胸怀，用自己的体温温暖了它，然而苏醒后的毒蛇却咬伤了农夫。可见善举和宽容可以挽救生命，有些时候也给了邪恶复苏和抬头的机会。

"一只脚踩扁了紫罗兰，它却将香味留在那脚跟上，这就是宽容。"宽容是一种美德，一种襟怀、一种气度。但是，滥用的宽容，没有原则的宽容亦或是将宽容用在了错误的地方，则只会贻害无穷。

法国电影《吉尔的妻子》，讲述了 20 世纪 30 年代一个工人家庭的感情故事。炼钢工人吉尔的妻子艾丽莎是一个对丈夫百依百顺的家庭主妇。那年，他们的双胞胎女儿已经六岁了，艾丽莎又怀上了孩子。丈夫在锅炉厂工作比较忙，艾丽莎的妹妹维多利亚就常常到姐姐家帮忙干些家务，和孩子们玩。

……在得知丈夫爱上了自己的妹妹维多利亚的时候，艾丽莎心如刀绞，看着丈夫在自己的面前，毫不掩饰对妹妹的迷恋，像个任性的孩子一样双手拍着桌子，大声喊着："她是我的！她是我的！"艾丽莎肝肠寸断，然而她害怕失去丈夫，失去这么多年的婚姻，失去这原本幸福安定的家庭。她选择了隐忍、等待，并对丈夫一反常态的宽容，还帮助丈夫寻找接近自己妹妹的机会。

直到有一天，艾丽莎的丈夫吉尔回头了，他学会了为艾丽莎分担家务，照看孩子。一家人又回到了以前那种平静祥和的日子。五个人坐在自家门前晒太阳，小儿子在大人的搀扶下开始了蹒跚学步。就在不久之后的一天，在一切看似完美的时候，艾丽莎却从顶楼纵身一跃，结束了自己的生命，没有留下只言片语。

按照一般的思维去想，艾丽莎应该感到庆幸和开心才对，因为她最终得到了自己想要的东西，丈夫"回归"，家庭完整。然而或许只有艾丽莎自己才能解释其中的真正原因吧，我们只能从猜测的角度去思考。但是有一点不容置疑，那就是世界上没有一种正常的关系可以容忍不忠诚。夫妻之间的不忠诚会让一方怀疑自己存在的价值和意义，从根本上动摇一个人对自己的信心和自尊，背叛的痛苦没有任何一种良药可以彻底地化解掉。

艾丽莎最终虽然没有失去丈夫，然而却失去了"自己"，她的内心世界早已经是落红满地，碎了一地的心被任意地践踏之后，再也无法回归完整。她选择了等待和隐忍，选择了宽容，然而过度的宽容就是纵容，艾丽莎正是用这种没有原则的宽容亲手葬送了自己的幸福和尊严。

因此,宽容不应该是纵容,不是无原则的宽大,而是建立在原则上的适度宽大,必须遵循法制和道德规范以及做人的基本原则。我认为,对于绝大多数可以知错就改的人,宽容是应该的;而对那些屡教不改的人,则绝对不能心软,造成纵容的后果。

正确的宽容要有一个坚持的道德底线,一个正确的原则标准。当然这个标准不是自己定的,但也不能为了依附他人而去宽容,更不能失去原则而去原谅。坚持原则的人不会让人觉得是不近人情,因为其所坚持的是应该遵循的原则,而不是纵容或软弱。不要滥用了你的宽容,不要总把宽容用在错的地方。

和旧爱藕断丝连,就别怨引火烧身

感情这个东西,真不是一两句话可以说得清楚的。女人在面对这个问题的时候,往往会比男人更容易陷进去,更容易受到伤害。

有人说过,分手了还可以做朋友,有人说分手了就不要再做朋友,是为了不再给对方机会,不再给对方再次爱你或者伤害你的机会。爱让人盲目,但是任何时候,保持清醒的头脑,才能做出正确的选择,才不至于失足掉进万丈深渊。

小宋年龄不小了,但是结婚很晚,和老公谈恋爱的时候已经 26 岁了,两人的感情其实还不错,但是她内心深处始终忘不了曾经的恋人。从大学到毕业再到工作,两个人的感情经历了五年的长途跋涉,正是因为坚持了这么久,小宋才格外地珍惜。前男友小孟是一个很有才华的中文系的高材生,写诗是他的专长和至爱,在一个秋日的小山坡上,两个人依偎在一起看着美丽的夕阳,小孟突然盯着小宋的眼睛,动情地说,"这辈子,我只爱写诗和你。"正是这个在美丽的落日余晖中许下的诺言,让小宋更加坚信自己一定要一辈子陪在这个执著的男人身旁。毕业之后，两个人都顺利找到了工作。就在生活刚刚有了转机，准备商量结婚的大事的时候，男友突然提出了分手，那时候，他们才毕业不到三个月。小宋无法接受这个事实，小孟的毅然离去，让她近乎崩溃。后来，从别人那里听说，他离开不久就和另一个女孩结了婚。

在这样的社会，诗歌的生存似乎已经不再那么受人瞩目，小孟在追求梦想的路上遇到了重重障碍，一个偶然的机会，他认识了一个在出版业有着很高名望的高先生的女儿，这位高小姐对他又是一见钟情，为了难得的向上爬的机会，在爱和现实面前，他选择了后者。

小宋本来还抱着一线希望，以为可以用自己的努力和无怨的付出让这个男人的心重新回到自己这里。在得知小孟因为这个原因抛弃自己之后，她的心凉到极点。很快，她在另一个大学同学的猛烈追求下也结了婚，也就是现在的老公王一冰。王先生的确算得上一个好男人，也很爱小宋，他知道小宋受过感情的创伤，他想用自己的真爱和温暖抚平这个女人身心的疲惫和悲伤的经历。

老天弄人，有次小宋去外地出差，顺道去见一下多年未见的好朋友，两个人正要从就餐的地方出来，小宋突然觉得有个人的背影好熟悉，她就走了过去，原来正是前男友小孟，他正一个人喝闷酒。小宋让朋友先回去，想一个人陪小孟坐下来。从小孟含混的话语中，她知道小孟和老婆高小姐的感情出现了问题。本来，小宋是很想好好问个究竟的，问问当初为什么这么狠心。但是再次相见，竟是这般情景，昔日这个骄傲的男人此刻像失势的王子一样可怜。在听到小孟对自己说着"对不起"的时候，说明其实他心里还是惦记着她，还是常常想起她，当初的离开是迫不得已的时候，小宋早已是泪如雨下。原来，她还是爱这个男人的。毕竟两个人曾经在一起度过了那么久的时光，彼此是那么的习惯和了解对方。

小宋回到家之后开始变得魂不守舍，小孟还一再用电话和短信联系她。一个是爱自己的丈夫，一个是昔日的恋人，小宋不知道该如何选择。丈夫王一冰知道这件事情之后，并没有过多地责怪她，只是告诉她让她好好想清楚："如果你觉得和我在一起不幸福，我可以放你走，但是这并不能代表我不爱你。但是一旦离婚，我就不可能和你再复婚。"面对丈夫的宽容和理解，她只能在心里重重地谢了他。在做好决定并

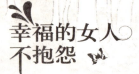

办好离婚手续之后，她迫不及待地跑到小孟身边，把离婚的消息告诉他："小孟，那天你不是说我们可以重新开始吗？那我们现在就去办结婚手续吧。"没想到小孟听到这个消息时脸都青了，他严肃地对小宋说："我是说过我对你还有感情，但我并没有让你离婚啊，更没说过要娶你。"

小宋如雷轰顶，怎么会这样。原来小孟和妻子的婚姻并没什么大碍。他再次答应和小宋交往，只是为了弥补当初一个错误，说是当时他不辞而别，对她伤害很大，所以想借这次机会好好向小宋解释。

其实，结果怎么样，我们都可想而知。

从整个事情来看，小孟这样的男人已经不值得小宋为他爱得死去活来。当好不容易即将摆脱阴影之后，两个人的再次相遇，却让小宋摇摆不定，最终却倒向了错误的一方。在爱情里念旧不算美德。被一个人影响了过去，就不该继续被他影响未来。

理智的女人明白自己要走什么样的路，要选择什么样的人，即便被爱深深伤害过，但她也能学到很多不再被伤害的东西。任何时候如果能做到，和能爱的人在一起，相濡以沫，和不能爱的人在一起，相忘于江湖，那么你就是自己幸福的主宰者。

和不理想的男人恋爱，
就别抱怨命运不公

人们常说，一个成功的男人背后总是会有一个伟大的女人。这说明，女人在男人走向成功的路上，付出了很多，默默为他牺牲了很多。的确，女人的奉献精神是众所周知的。其实，反过来说，男人也影响着女人，一个成功的有修养的男人可以让和她在一起的女人感受到温暖和幸福，而一个自私或者没有奋进之心的男人，则会让女人在心灰意冷中，不得已看着那份感情走向绝望。

很多时候，影响都是双向的，女人若没有办法改变对方，则很有可能被对方改变。但是，任何时候，都要提醒自己，要和那种不理想的男人保持一定的距离。恋爱，是美好而浪漫的，但不能因为一时的错觉就让自己迷失了方向或者自甘堕落，随便就接受了一个不理想的男人。这样的感情不管你多么留恋，也是没有结果和意义的，只会让你的身价一再贬值。

与其说女人在感情上，往往是盲目的，不如说是目盲。因为她一旦陷入恋情之中，就很容易分不清东西南北。尤其对于一个女人来讲，在开始一段感情之前，对对方有一个足够的了解是必要的，也是对自己负责的表现。其实，爱情并不需要什么火眼金睛的鉴别，只要从几个方面加以判断，那么以后一连串的问题和烦恼就可以避免。

1.心胸狭隘，不思进取。

人们常常用胸怀宽阔如海洋来形容男人。和心胸开阔的男人在一起，往往会有很多意想不到的收获，他们往往是气度不凡，让人着魔。

可是，有的男人恰恰相反，心胸狭隘的芥蒂难容。同时，又没有自己的思想，喜欢人云亦云，没有主见。更可怕的是，这种男人在事业上也没有任何进展，因为他缺乏丝毫的奋进之心。

2.满腹牢骚，破坏情绪

人人都不喜欢那种破坏气场的人。可偏偏就是有些男人，不管你此时的心情如何，不管你正在忙什么，一回到家里，就会把遇到的烦心事，一股脑儿地倒出来。原本一个晴朗的天气，却因为他的牢骚，整个家庭顿时阴云密布。和这样的男人在一起，你除了需要有强大的心脏，还需要有足够的耐心，他们会认为，你和他在一起，就要义无反顾地和他分享一切，承担一切。但是他除了烦恼抱怨之外，别的也没什么值得你去分享了！试想，有多少女人可以有勇气面对这样的生活。

3.脾气变化无常

有不少男人，有暴力倾向，总是以打人作为自己的心理安慰。可是在施暴之后，看到女人身上的累累伤痕，又忍不住痛哭流涕的央求女人原谅他。女人，千万不要因

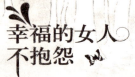

为一时心软就原谅他的反复无常。只有远离这种男人,才能结束开始的灾难。

4.思维枯竭,缺乏生活情趣

男人除了拥有健康的心理和强健的体魄之外,还应该有丰富的思想内涵。但是,总是有那么一些男人,好不容易挤出一个周末,本打算找一个安静的餐厅,好好地庆祝一下这么长时间的辛劳终于有了收获之后,他却蹲在一边,毫不掩饰地说,去那地方有什么意思啊,还不如在家卷根大葱,弄上二两白酒来得痛快。

或者,当你正沉浸在绝无仅有的美景中久久不远离去的时候,他的一句不合时宜的话就可能将你所有的情愫瞬间消失。

和这样的男人在一起,只会粗糙了自己的感受,淹没了向往的幸福。

5.对人冷血,事不关己高高挂起

有的男人道貌岸然,言谈举止如君子。但是他们内心深处却是一片冰冷。只要事情和自己无关,就从不过问。当别人都在为那些受苦受难的同胞祈福、痛苦时,他却能安然地在一旁,毫不为之动容。这种人始终认为,反正事情又没有降临到他头上,"瞎操心"也没什么用。

6.自己将自己孤立

这种男人喜欢故意装出一种自命不凡的模样,标榜自己是英雄。其他人在他的眼里都是微不足道的。因为经常拒绝亲朋好友的帮助,他的朋友也越来越少。他们很少与外界接触,渐渐地就和这个社会隔离了,时时处处给人一种格格不入的感觉。女人和这样的男人在一起,幸福就如遥远大海上的缥缈的灯光,可望而不可及。

7.把钱看得比命都重要

世界上最宝贵的东西是生命。再多的金钱也不能让消逝的美好重回灿烂。可是有的男人为了获取金钱,不惜用自己的生命去交换。作为一个女人,你愿意和这样一个男人在一起吗?在他的眼里,或许你也不过是他赚取利益的棋子罢了。假若有一天,你需要他为你透支的时候,他是断然不会的,他宁可失去所有,也不愿自己的财富有丝毫的破损。殊不知,这样的男人其实正失去着人世间最宝贵的财富之一,那就是人间真情。

打个不恰当的比方,和一个不理想的男人恋爱,就像是花了很高的价钱却买了一件很糟糕的劣质商品。很多时候，女人幸与不幸，完全掌握在你自己手中。如果遭遇这样的劣质男人，一定要果断做出决定，赔了价钱是小事，可不能让劣质品再来危害自己的健康和毒害自己的心灵。

女人对待恋情和婚姻一定要谨慎，切不可因为别的事情晃花了自己的双眼。远离那些不理想的男人，你就能更好地找到生活的亮点和自身的价值。

体贴是女性的美德，过分的体贴造就自私的男人

很多男人都希望自己能找到一位温柔体贴的女人与自己共度一生，做妻子的也觉得温柔体贴地对待自己的丈夫是理所应当的，然而长久和美好的感情都是男女双方共同努力经营的结果，如果女人对男人过分的体贴很可能不利于丈夫的成长，甚至会造成很多问题。

从心理学的角度看，男女结婚后，妻子在家庭中总有一定成分是照料者——母亲的角色，再强的男人有时依在妻子的怀中，偶尔也会感到一种附属感，如同依偎在母亲的怀抱。这源于女性母爱所至，妻子本性就能无微不至地照料丈夫，但丈夫长时间享受这样的待遇，可能会使他变成一种依赖，变得懒惰，甚至发展成一种极端的自私和暴戾。

乔治和云茜本是一对恩爱的夫妻，这两年来，由于工作生活上的各种不顺和压力，让乔治似乎变了一个人，每天回到家总是找一些鸡毛蒜皮的事跟云茜找茬，看到一点不满，就会大吼大叫。

这天和平时一样，云茜早早地起床做早饭，看着丈夫熟睡的样子，她心想难得他

能睡这么香，就让他再多睡会儿吧。于是蹑手蹑脚的关上了门，一头钻进了厨房准备他睡醒后迅速地把可口的饭菜端到他面前，希望能让他吃得开心点。没想到乔治一睁开眼睛，就对着刚做好饭的云茜大喊："你怎么连拉窗帘的习惯都没有……"云茜便嘀咕了一句："我不是一直在厨房没敢进来怕打扰你睡觉吗？"她本希望男人能看到她在厨房中流出的尚未擦干的汗能停止他的斥责，能消掉他对女人的不满，可是他依然不依不饶地说道："你不要找各种理由来掩饰自己的错，错了就错了，还不承认，真是受不了你。"

云茜放假在家，乔治每天上班，这天，老天突然又下起雨来了，云茜执意要去站台送伞给乔治。在站台处东转一圈西丢一圈还是看不到男人的人影，奇怪！他发信息说早就到站了呀，女人想他肯定也在附近找她了，打他手机，没电了。云茜想：乔治等会肯定会找公用电话打给她的，继续等吧……也不知过去了多长时间，雨也停了，云茜决定回家。没到家门口，男人就开始破口大骂："蠢死了你，谁叫你去的呀！"云茜带着一种委曲选择了沉默……

乔治一回家就沉迷于网络游戏中不能自拔，下班后第一件是也是唯一的一件事就是坐在电脑前，每餐都是可怜的云茜做好饭菜等他半天。吃完饭还是继续着他的游戏，他从不知厨房有哪些东西？一直到深夜一点多男人在困累交加女人再三唠叨下才很气愤地入睡，入睡后就像死猪一样。并且每天都如此。

女人每天都重复着做这样的事情。一次两次，女人温柔体贴的天性可能会忍气吞声、唯唯诺诺，可久而久之，女人发现自己的体贴忍让在不经意间已经养成了男人的一种习惯，这习惯也可以说是变态的一种表现。同时，也把女人自己推进了火坑，就像是作茧自缚。所以，女人的头脑中形成了一道抹不去的阴影，一见到男人这样的习惯，女人就想逃离他，可每次都逃离失败，因为她深爱这个男人，尽管她说不出深爱他的理由。

女人的体贴没有错，但是过分的体贴就会变成忍让，这会让男人更加得寸进尺，犹如一个娇惯坏了的孩子，久而久之变得自私得可怕。经常听说女人越是深爱男人，越是得不到他的心，就越想着对他好，这会让男人更加不珍惜你。

男人的本性通常是想要征服女人，过分的体贴会让女人失去自我，而一个无法保持自己独立性的女人，在感情、婚姻中也很难有独立的人格，这样的生活注定要和痛苦结缘。这就要求女人对男人，不要只是盲目地温柔体贴，更要给他一些激励，帮助他树立信心，勇敢地面对社会，让他明白所处的家庭责任和社会责任，让他知道怎样才能作为一个顶天立地的"男子汉"。

男人更多的时候要像是一棵树经得起外面的风风雨雨，为妻子、为这个家担当起重任。就如社会对男人和女人的要求不同，家庭对男孩和女孩的培养方法不同。对于男孩，让他吃苦、训练坚毅的品质，对于女孩，让她温柔、娴静、训练素质的修养。从社会现象来看，男孩从小被呵护，长大后也希望找一位温柔体贴的妻子来代替母爱。可是如果妻子真的长时间这样做，男人就会像依赖母亲一样依赖妻子，从而可导致越来越没有男人的魄力，在外遇到一点挫折和困难，就会难以承受，遇见一点事，就会举棋不定，甚至有些自卑、无所适从、没有控制感和"男人的感觉"。作为妻子，既要温柔体贴适度，又要给丈夫创造独立生活的空间，培养他独立生存的能力。

所以，女人对男人温柔体贴要有度，千万不要对男人的生活包办代替，应该让他明白自己所要承担的责任和义务，而不是做整天把自己的幸福建立在别人的痛苦之上的自私男人。

幸福的女人不抱怨

第11章

不抱怨生活没有安全感，

让畏惧转化为使自己更强大的动力

女人温柔，但不能软弱，纵然遭遇不幸，也能坚强地面对一切。要幸福地生活，就要靠自己的双手去努力争取。有一份属于自己的事业，保持经济的独立，才不会受他人摆布。

与其靠男人照顾，不如
靠工资照顾

不少人认为，在这个社会上打拼是男人的事情，而女人则是男人劳动成果最有资格的享用者。"我嫁给你，你就要照顾我"，的确，男人们也始终在寻求成为英雄式的人物的道路上拼搏着。"因为我是男人"这句话不管何时都能成为足够响亮的口号和足够分量的理由。男人把自己定位于强者，而女人呢也想当然地将自己定位于"弱"者，柔弱的双肩怎能抵挡住如此激烈的竞争洪流，所以，以一副柔弱之身安然享受男人为其创造的一切，将会是多么令人羡慕的幸福生活。

于是，很多女人甘心做一名家庭主妇，甚至不少女人完全与这个社会脱节，靠自己的丈夫供养一切。然而，你不能不明白一个道理，即便是再有钱的男人，即便他有一万个养你的理由，但是靠男人过生活的女人，和一朵温室中渐渐苍白的鲜花没有什么两样。当红颜退去，或者当对方厌倦了这样的生活，你又靠怎样的勇气和能力走以后的道路？

大家一致认为梅子能嫁给浩东这样的人，简直就是八辈子修来的福分。当初想和浩东在一起的女人可是成串的，不乏美女、才女，而他选择了梅子这样一个各方面条件都比较普通的女子，这能不说是爱情之神对她的一种眷顾吗？

婚后，梅子就辞职在家做起了全职太太，过着衣食无忧的生活。刚结婚的那段时间，浩东对梅子体贴有加。他怕梅子一个人在家孤单，每天下班都按时回家，给梅子讲各种笑话，陪梅子看肥皂剧，牵着梅子的手到小区附近的公园散步。另外，他还从网上下载了很多特色小菜的做法，说要一道一道做给梅子吃。

可这样的日子并没持续多久。结婚不到一年,他便开始寻找各种各样的理由晚归,即使在家,也懒得进厨房,不是坐在沙发上看电视,就是坐在电脑前上网。梅子想,他在外工作挺辛苦的,回家放松一下也是理所当然的,所以就没有计较。可没想到的是,梅子越是隐忍,他越是变得挑剔起来,一会儿说梅子做的饭不好吃,一会儿又说梅子洗的衣服不干净。梅子想发火,可总觉得没有底气。

结婚第四年的春节,他们单位举行一场派对,要求带配偶参加。也许是与外界隔绝太久的缘故,梅子觉得自己很难接上别人的话茬,好不容易插上一次话,竟引来了他不满的神情。回家后,他大发雷霆,说梅子什么也不懂,说出那么幼稚、没水准的话,简直是丢人现眼。

听了这话,梅子终于克制不住,和他大吵了一顿。他显然没有料到一向对他百依百顺的梅子竟会有如此举动,一时也懵了,愣愣地看了梅子好大一会儿,然后拎上外衣,甩门而出。

梅子躺在床上,一夜没合眼。第二天一早,梅子下了决心,必须要重新工作,不然,梅子和他之间的距离会更大。

他坚决反对,说梅子是没事找事。实在说不通他,梅子就请出了公婆,好在两位老人坚定地站在梅子这一边,他无奈只好答应梅子出去工作。

这两三年的时间几乎都窝在家里,梅子的专业知识已经丢了大半,在经过几番考察之后,梅子盘下了一家花店。

有了工作,日子突然变得忙碌起来。每天回到家,梅子都累得腰酸背痛。刚开始,他还摆出一副事不关己的样子,说这一切都是梅子自找的。梅子乐呵呵地对他说:"虽然很累,但我很快乐。"他有些不屑,可慢慢地,他下班之后开始往花店跑,还笨拙地帮梅子插花、搬花。

那天,他指着一个客户还未取走的花篮说,如果在这个位置再插上一束百合花,就会更美了。梅子照着他的话做,然后他们相视一笑,他突然又有了初恋时的感觉。

不知从什么时候开始,他不再对梅子挑剔和指责,他们又开始一起做饭,一起牵着手散步。

有一个事业成功、财源滚滚的老公是你的幸运,遇到一个甘愿为你付出一切的男人是福,然而这样的事情,这样的人,"得之我幸,不得我命"。离开了男人,你也可以过得很好,因为你有自己的工作、事业。因为你具备自己照顾好自己的资本和能力。这本身就是你的一大幸事。

在这个处处充满竞争的社会,男人不再是女人的依靠,女人也早已不是男人的附庸。女人只有自我完善永远是最重要的。渴盼男人赐予你幸福是不安全的。天底下长期的免费饭票不可能永远由你支配。女人应该自立自强,不能依靠男人而生活,只有这样才不会迷失自己。一个经济独立、自强的女人,才能活得更有尊严、更幸福。

别相信"船到桥头自然直", 规划好自己的生活

古人曾说:"凡事预则立,不预则废。"很多人总是习惯在岁末年初总结一下一年来的成败得失,然后再对来年的工作、生活做一个较为详细的展望和安排,有了这样的计划,以后的日子似乎也就有了奔头和目标。这不失为一种促进自己进步的良策。

从一个家庭主妇做饭来讲,一日三餐做什么也要有个计划,什么时间吃什么饭,该买什么菜,买多少等,都要做到心中有数,这样就是面对满街的蔬菜杂粮也能迅速地从中找到自己所需要的,就可以在最短的时间做更多的事情。

诸如做饭这样简单的事情尚且如此,别的也是一样。每个人生活、学习、工作的时间都是有限的,如果分配不当,没有计划,就会觉得无从下手,甚至乱作一团。我们每个人的生命长度也是有限的,这样忙乱没有头绪的生活何谈提高自己生活的质量呢?

无论工作还是生活都需要有目标、有计划，接下来才能考虑怎么样去实施去完成。现代社会竞争激烈，女人也被时代推到了风口浪尖，也和男人一样面临着来自各方面的压力，那么如何将自己的事情安排得井井有条、井然有序，这的确是摆在每个女人面前的重要课题。

　　刘杰，单身，28岁，有一份比较稳定的工作，是大家眼中的小资女郎，为了保证自己的生活质量和品味不受影响，她前后申请了五张不同的信用卡。有了这些卡之后，她发现消费的时候比以前更加方便快捷了，并且还可以解自己的燃眉之急，可是不久，超前消费的快感与满足很快就被每个月如期而至的账单的压力所代替。

　　她已经工作5年了，这两年每月的收入也在5000元左右徘徊，可是仍然没有任何存款，除了应付每月的房租、水电、电话、交通等等费用外，五张信用卡背负的债务像一座无形的大山压得她喘不过气来。

　　这年头，超前消费已经成了时尚，成为了一种潮流，年轻人拥有一张信用卡以备不时之需确实不是坏事，但是绝对不是卡越多越好，这种采用提前透支的方式来获得自己想要的生活品质，结果只会让自己越来越糟糕，在透支着经济的同时实际上也是在透支着自己的健康和幸福，提前将自己的快乐挥霍殆尽。像刘杰这样工作多年、薪酬不低，然而积蓄为零的女性不在少数，尤其是在这样关键的特殊年龄段，转眼间而立之年就会到来，可是生存状况却仍然不容乐观。

　　除了由于缺乏合理的规划因为超前消费而让自己双重透支的情况之外，我们有时候在网上还能经常看到一些结婚生子的女人晒出来的养儿育女的花销，什么奶粉、尿布、早教、医疗、玩具、衣服、保姆等等每一项都是不小的开支，有的女人想都不去想，觉得有了孩子家才算像是个家，有了孩子才能彻底地将男人拴住，而不去想自己和对方究竟有没有能力应付各种繁重的任务，心甘情愿地当起了"孩奴"，结果什么都没有拴住，倒是将自己本应该走进社会、回归职场、体现自我价值的一双脚拴得死死的。

　　不管是卡奴、孩奴，还是车奴、房奴，归根结底都是没有对自己的人生和生活进行良好的规划，在错误的时间选择了不适合自己的消费方式或者生活方式，才将自己逼到了随波逐流、不计代价的生活惨状。

生活就像行走在一条大河之中，没有计划的人生就如没有固定的航线，走到哪里算哪里，总以为"船到桥头自然直"，管他明天会不会有风吹浪打！这样的一生只会满头雾水、混乱不堪。

有计划是做好一切事情的前提，有计划的生活才会从容。一个人如果办事没有计划性，常常会给自己和他人造成很大的被动，并且很容易在忙乱中出错；如果我们有了行动的目标，并一步一步根据计划去落实、去完成，那么我们的工作、学习和生活就会显得井然有序，不会出现随意性、盲目性。有计划的工作会不会因为枯燥而厌恶，有计划的生活，就能不断得到丰富多彩的提升和嘉奖。

世界顶尖潜能大师安东尼·罗宾曾说，有什么样的目标就会有什么样的人生。有的人一生不过是重复了每天的生活，有的人用一年的时间却赢得了一生的成功。

"人无远虑，必有近忧"。不要相信船到桥头自然直，安排好自己每天的生活。生活中的远见卓识和计划周密，是人生的一个关键环节。一个人越有远见、有计划，就越能产生大智慧、大谋略，也才能取得大成功。

那么女人该怎样规划好自己的生活呢？单从职业生涯规划的角度来讲，首先要做的就是了解自己，选择最适合自己的工作，选择自己将成为一个什么样的人。在对过去进行了详细的分析之后，对自己的将来也要有个明确的定位，制定事业和人生的目标，最重要的是努力将这些计划在行动中兑现。

其实，每个人的一生大都离不开工作、学习、家庭、休闲这四个相互关联的环节，每个环节都需花费心思、科学规划。"如果你不知道你要到哪儿去，那通常你哪儿也去不了。"忙碌的生活更需要停下来找个合适的时间好好想一下自己该怎么走，规划好了再前进，往往会收到事半功倍的效果。

当一个人拥有明确的规划时，面对重重选择才不会受他人的左右。因为她明白什么是自己想要的，哪个方向才离目标更近，心中有数，就不会轻易走入弯路，避免掉进重重危机之中。对自己的人生合理规划，摆正心态，清楚地认识到自己的人生目标，这样才可以成为一个真正掌握自己命运的女人。

幸福靠自己争取，
而不是命运的恩赐

天下向来没有免费的午餐，上天也不会自动掉下馅饼。正如有付出才有收获一样，幸福更离不开主动去争取，而不是命运的恩赐。

每个人都有自己追求和目标，有的人遭遇挫折，期望过高，而再也无法保持心理的平衡，甚至是一蹶不振，终日里感叹现实的无奈和命运的不公。而一个有着清醒头脑的女人，能够在失败中坚强地站起来，主动出击，为自己的成功铺路。

今典集团的执行总裁王秋扬，有一段近乎传奇的经历。

王秋扬刚从北京广播学院毕业时，有个不小的理想：拍一部自己的电影。预算做了 50 万，四处奔波仍然是两手空空——谁肯给她这么大一笔钱拍电影玩。

她不甘心，一狠心，辞了人人都羡慕的文工团的工作，要下海挣钱。她从业务员开始做起，四处奔波，谈生意、见客户、写方案。她曾在半夜的寒风里错过最后一趟公交车，走了一个小时到家，磨得穿高跟鞋的脚打起血泡来，也曾三番五次被客户拒绝，躲在家里哇哇大哭一场，然后抹了眼泪又雄赳赳气昂昂地出门去。

"钱有什么了不起，我一定能挣得到。"从小对钱没什么概念的倔强女孩心想。只要自己认定的项目，她总是竭尽全力去做，这样的人没有理由不成功。经历了许多波折之后，王秋扬终于在房地产上找到了自己的立足点。当她在北京建的楼盘正式发售，从自己办公室里往下看的王秋扬终于舒了一口长气，然后摇摇晃晃回家睡觉去了——为了这一天，她已经连续一个星期忙得没怎么睡觉了。临睡前她美美地想：终于有钱拍电影了。结果到项目完全结束自己被吓了一大跳，竟然有这么多的钱，够拍100 部电影了。

但这个时候的王秋扬，已远非当初那个文艺女青年，她已有更为丰富的人生梦

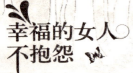

想等待自己——体验。

我们可以想象，当一个女人为了孩子的奶粉钱疲于奔命的时候，她还有多大的心力来追逐自己的梦想。而今天的王秋扬完全可以按照自己的想法生活，她有独立进取的精神和勇气，为她一步步垫高了思想的高度。她的幸福和快乐远远比那些期待不劳而获的女人们来得更为实在和长远。

感情生活何尝不是如此？小杨出生在一个小山村，到了出嫁的年龄，家里给小杨介绍了一个对象，小杨不愿意。一直以来她都很羡慕姐姐的生活，姐姐是一个好强的女孩，经过努力考上了理想的大学，走出了偏僻的小山村，无奈之下，小杨发短信向姐姐求救。在姐姐的帮助下，她到了姐姐所在的城市并找到了一份工作。

小杨人长得漂亮，工作也很努力，很快就得到了大家的认可，一来二往大家就熟了，都听说了小杨逃婚的事，都赞成，都什么社会了还包半婚姻，大家都纷纷给小杨介绍对象，然而小杨早有自己的意中人了，当时他们的爱情谈的轰轰烈烈，可没想到的是，男方母亲根本就不同意这门婚事，坚决反对，理由是小杨没有文化，是出生在小山村的，小杨觉得很委屈，就跑到山上大哭，抱怨命运为什么这么不公平。然而哭过之后，小杨反而变得更加坚定和执著了，她明白自己内心真正想要的是一个什么样的人，一份什么样的生活。在自己不断的努力和坚持下，男方的母亲开始妥协了，两个人最终走进了婚姻的殿堂。

幸福掌握在你自己的手中，只要努力争取，一切都有可能实现。

一分耕耘一分收获，不经一番寒彻骨，哪得梅花扑鼻香。有的女人生来就天资颇高，"本钱"雄厚，当然也有很多的女人没有这些优越的先天条件却照样做出了一番成绩，成就了自己的美好人生，因为她们始终坚信，只要努力争取，总能为自己争得一片天地。只有经历过痛苦的磨砺，成功和幸福的到来才变得更加耐人寻味、耐人咀嚼和品尝。

当命运之门一扇接着一扇地关闭时，她永远不会怀疑，更不会做无谓的抱怨，她相信总有一扇窗会为自己而开。无论生活多么无奈，相信人生总是美好的。无论现在感到多么苦，相信苦后会是甜的，无论多少次被上天捉弄，她都牢牢把握好自己生命之舟的航向，做一个称职的、幸福的舵手。

与其等一个不回家的人，不如自己活出精彩

"爱上一个不回家的人，等待一扇不开启的门，善变的眼神，紧闭的双唇，何必再去苦苦强求，苦苦追问。"唱出了多少痴情女子的哀怨和无奈。婚姻将女人推进围城，整天围着丈夫孩子转，被岁月雕刻出了皱纹，被风霜染白了双鬓，如果能这样安稳度过一生，也算是莫大的幸福，可是又有多少女人能够安享这少有的平淡呢？

生活让女人背负了太多的责任、负担、约束。然而面对另一方的彻夜不归，那种心痛无人可以理解。男人不知道女人为他望穿了秋水，不知道女人在门前翘首企盼了多少次，当女人的生命在这样不断等待的过程中，也一如星辰般转瞬消逝了往日的风采。女人的脸上多了很多的琐碎、苦闷、忧郁，一切的美丽都不再那么动人。与其这样空等一个不回家的人，不如努力活出自己的精彩。的确，婚姻将两个原本不相干的人紧紧捆绑在了一起，彼此多了一份责任和约束。然而，很多时候，或许是因为工作，或许是因为情感的出轨，男人会将女人残忍地扔到家里，甚至弃之不顾。女人，却在自怨自艾中度过时日，与其在为如何收回丈夫的心而烦恼，不如先从改变自身做起。

仔细回想一下，认真看下你自己，是不是很久没有买新衣服了。整天为生活为家庭操劳，也该好好慰劳一下自己了。现在就动身，去那家很久没有去过的时装店，把那件向往已久的衣服买回来。再看下自己的发型，是不是常年如一日地都没有什么改变，那现在就去改变吧，只要你自己喜欢。或者再拿起那闲置了很久的化妆品，给自己补一个淡淡的妆。虽说"女为悦己者容"，即便那个曾经那么欣赏自己的男人，已

经不再如当初那么注意自己,那么你的改变,肯定也能让他眼前一亮。

婚后几年,是不是已经习惯了或者厌烦了这样的油盐柴米酱醋茶的日子,是不是觉得自己的思想已经跟不上时代的发展,是不是在和那个难得回家来一次的男人,连语言交流也出现了不少的障碍,不知何时已经没了当初的默契?静下心来,为自己的以后做一个规划,然后重新拾起以前没有时间去做的事情,重拾昔日的兴趣和爱好。或许婚前,你是那么的向往能有一架钢琴,后来虽然买了,但也很少去学、去练习。那么现在就准备吧,为自己请一个老师,或者报一个培训班。在不久的将来,同学朋友聚会上,你也能不负众望,弹上一曲。

或许,婚前,读书是你的至爱,然而婚后的时间却都用来打理家庭生活工作上面了,耗尽了很多宝贵的时间。那么现在拿起仍然来得及。你要明白,女人在有限的年华中,要尽享生命的快乐,学习知识与拥有知识的快乐。尤其是在这个经济飞速发展的时代,掌握知识是多么的重要,尤其是女人,拥有一门立身的本领将会对你的人生锦上添花。

在职场上,努力工作,展示自己的才华,把工作和自己的兴趣结合起来本身就是一种莫大的快乐。和同事的友好相处,工作的不断进步,收入的不断增加,自我价值的不断实现,都是一种离你很近的快乐!

婚姻中的女人,更要寻找快乐的途径。激情不能永久存在,浪漫不会永远相随,所有的婚姻最后都会归于平淡、平常和平凡,甚至是乏味。明白了婚姻的真相,就应该多几分从容。随着年龄的增长,生命的光鲜渐渐远离了女人,女人更容易感受生命中的不快乐。所以寻找快乐就显得更为重要。在与衰老抗争的激情中,在家庭的和睦平安中,在健康安宁的身体中。

告诉自己,从此刻起,把婚姻中的奉献当成是快乐,煲一锅靓汤,做几样拿手的好菜,一个干净整洁的家,有教育孩子的能力,淡雅而有品位的装扮,都将让你快乐无比。天气晴好的时候与闺蜜逛街、喝茶、聊天,孩子健康地成长等等,这些都是一个女人独特的快乐。只要你用心去感受、去体会。即便在男人无暇顾及自己的时日里,仍然可以活出自己独有的精彩,你的生活还有什么不幸福的呢?!因为你拥有足够使自己幸福的能力!

不是他想离开你，
而是你的抱怨推走了他

有人说，婚姻需要磨合，即便是当初是多么死心塌地地热恋，婚后都要经过一段时期的磨合。毕竟，结婚是两个人的事情，两个有着不一样的生活习惯和生活方式的人在一起，彼此经过磨合才会有和谐幸福的婚姻。

当最初的激情过去，笼罩在对方身上的恋爱时的那种光环也在婚后渐渐地消失不见，在工作生活的压力下，女人开始变得抱怨不迭，叫苦连天。

抱怨对婚姻本身就是一种莫大的伤害，年深日久，很有可能会演化成一个无法愈合的伤口，两个人的情感就会出现严重的危机，对方离你而去是早晚的事。

托尔斯泰，是家喻户晓的人物，然而他在文学上的成就以及留给我们的精神财富却无法掩盖他个人婚姻的悲剧。

曾经他也有一个幸福、甜蜜的家庭，和美丽的妻子、可爱的孩子一起分享着人世间美好的一切。

托尔斯泰认为财富和私人财产是罪恶的事情，并且坚持把著作版权免费送给了别人。而他的夫人却是一个热衷于名声和社会地位的人，虽然这些在丈夫看来都是虚浮的，都是毫无意义的，但是她对金钱财富的渴望，对豪华生活的向往，以及和丈夫观念的不合，促始了她对托尔斯泰的责骂和埋怨，甚至哭闹着让他去要回写书所赚来的钱。这种状况，一直持续到了托尔斯泰 82 岁的时候，那年，他再也无法忍受家里的这种气氛，面对妻子的抱怨和指责，他感受的只有悲惨，他没有办法让自己再快乐起来，婚姻生活的惨状让他忍无可忍，于是在一个寒冷的雪天，他逃离了

幸福的女人不抱怨

夫人，走出了这个家。然而不幸并没有结束，在离开家后的第 11 天，他因为肺炎死在了一个火车站里。到死，他都强烈的要求，不想再看到这个女人，不许她来到他的身边。

虽然最终，托尔斯泰伯爵的夫人也认识到是自己没完没了的埋怨和永无休止的唠叨害死了丈夫，但是为时已晚。这个女人的抱怨换来的不仅仅是双方的痛苦，亲手毁了原本幸福的婚姻，甚至是做了逼死丈夫的间接推手。

其实，在我们周围，不知道有多少类似的事情在上演。很多结婚的人，婚姻生活没有维持几年，就分道扬镳，各奔前程了，或者带着解脱，或者带着恨，带着无奈。当初，因为爱，两个人结婚，可是最终却因为无法忍受而离婚。离婚的原因或许多种多样，但本该避免却没有避免的，那就是女人的抱怨。抱怨并没有消解你的不满，反而会让婚姻变得脆弱。女人的抱怨犹如蠹虫，或者蚁穴，你一次一次的抱怨，无形中就会给爱情的长堤增加了一个一个的蚁穴，终有一天，即便再坚实的木头，再牢固的河堤，也会崩溃于一旦。婚姻的长堤一经溃塌，受到伤害的何止是夫妻两人？

琳达是对生活质量要求比较高的女孩，婚后和丈夫的生活还算幸福。任何到过琳达家的人，都会不由得赞叹，她将那套不足 120 平的房子收拾得如此精致美观，处处透露着女主人不凡的气质和对生活的悉心。然而，自从老公换了一份工作之后，她的情绪就开始急遽而下。

丈夫原本有一份体面的工作，虽说稳定没有压力，但是工资不是很高。他从小就有一个愿望，喜欢做饭，希望有一天，能让更多的人尝到自己亲手做的美食。于是，他积攒了一部分钱之后，就在城里租了个门面，自己开起了饭店，并且亲自掌勺。

每天早出晚归，有时候到了家里，实在太累，刚往沙发上一坐就睡着了。琳达这人有洁癖，他看不得丈夫这样从外面回来，风尘仆仆的就往干净的沙发上坐，更别说，丈夫每天在厨房重地工作了，那满身还不都沾上油烟啊。于是不由分说，就将睡梦中的丈夫喊起来，一边数落着让他去洗澡，换衣服，一边还不断埋怨自己好不容易洗干净的沙发罩，被丈夫坐脏了。

由于饭店刚正式营业，各方面都需要照顾，琳达还有自己的工作要做，就没有时间去帮忙。两个人在一起的时间也就只有晚上。

琳达的不满越来越多,渐渐地丈夫不再怎么回来了。有时候碰到店里生意好,打烊晚,就干脆住在了店里。

不知道后来两个人究竟怎么样了。但是事情发展到这样的地步,琳达是有责任的。当初是多么相爱的两个人啊。却因为琳达的抱怨、不满和无理取闹,两个人之间的感情出现了裂缝。

家,一个多么温馨的字眼,从开始的迫不及待,到最后的"不堪回首","家"在男人的眼中似乎变成了一个牢笼,一个地狱。试想一下,为了生活,男人在外打拼,每天拖着疲惫的步伐,回到家中,打开门,迎接他的不是温暖的灯光,不是温柔的话语,而是你不满的发泄,是你不堪的抱怨,这样的家,他还愿意待吗?

在婚姻的历练中,女人请你以最坚强和豁达的心态处事,做好人生中的每一个角色,才会让自己生命中的每一个片段都同样活出精彩。俗话说:种什么因,得什么果。如果你一味抱怨,生活便会带给你更多让你抱怨的状况。

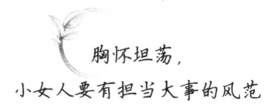

胸怀坦荡,小女人要有担当大事的风范

生活中随处可见"小女人"的踪影,她们喜欢撒娇,喜欢胡思乱想、异想天开,甚至是胡搅蛮缠无理取闹,耍些小动作、小心眼而大多都有些小才气。小女人活动的范围大不过厨房、办公室、咖啡厅,多多少少带些小资情调。有不少则是标准的家庭主妇,全职太太,旁边有一个枝繁叶茂的男人,自己大可过得无忧无虑、无牵无挂。

人们对现代小女人的定位重在一个"小"上,其实很多时候,看上去文弱的"小女人",没有女强人的气势,却也有着大海一样的胸怀,她们能够在关键时刻,勇敢地站出来,用智慧和坚强挑起生活的重担,接受生活的磨难。

在乔家大院中,如果说孙茂才在乔致庸走向成功的道路上有着至关重要的作用,那么在无奈之下娶来的媳妇陆玉涵却也注定要改变乔致庸的一生。

这个活泼开朗的小女人,最终成了乔家大院的主人。她可以为自己所爱的人赴汤蹈火。

为了乔家的生意,她四处筹措银两,甚至不惜当掉传世之宝翡翠玉白菜。她为乔致庸活着,为了乔致庸的理想而活,为爱而活,也活出了自己的精彩。每每在乔遭遇困境之时,她都能够用聪慧和机智帮乔家转危为安,度过危机。这样的女人温柔可爱中闪烁着机智勇敢的光芒。

其实,每一个女人的心中都装着一片天。而对于俞渝来说,她承载的一片天却让她成了互联网时代的女英雄。

正是这样一个温和的小女人却做了一件惊天动地的大事。爱上网淘货的朋友们都会熟悉当当网,这个网上书店的创办者就是俞渝。

从很小的时候,她就喜欢看书。和书有着特殊的情感。上小学时,就经常在学校外面的一个新华书店看书,可以在书店站好几个小时看书,连站几天我就能看完一本书。

22岁的俞渝,口袋里带了几年工作积攒下来的200多美元,装了满脑子好奇到了旧金山。当年除了勤奋求学以外,她当时最深刻的记忆就是找工作赚钱,她先后在美国的电站设备公司、木材公司、轮胎公司、速递公司担任过职务。后来,俞渝又进入纽约大学工商管理学院深造。

1992年5月,俞渝从纽约大学毕业,获得纽约大学工商管理学院金融及国际商务MBA学位。但是当时正赶上美国的经济不太景气,工作特别不好找。为了找个好工作,俞渝写了300多封求职信,她还曾经被一个公司面试过16轮,可是最后还是没有被录用。找不到合适的工作,俞渝下定决心自己创业,经过筹备,她创办了自己的公司——TRIPOD国际公司。俞渝的业务是投资银行业务中为公司做金融投资这一块,在自己的努力下,不到30岁的俞渝把生意做得非常成功。

1995年7月的一天,身在美国纽约的俞渝,刚刚做完一笔生意,就请了个朋友一起喝酒。这位朋友对她说："现在网上书店还挺火，有个网上书店的创办人就是住在81 街的杰弗逊·贝佐斯。"当时，俞渝住在 77 街，对杰弗逊·贝佐斯已有耳闻，因为都是做投资的同行。这是俞渝第一次听说网上书店，后来，她就试着从网上书店购买东西，渐渐发现购物流程越来越友好，确实是一个简单购物的渠道。再后来，俞渝就萌生了自己也要创办一家网上书店的念头。

后来和李国庆认识结婚之后，她放弃了在纽约的事业，回国和丈夫一起创业。当时正是互联网热潮，俞渝希望在国内创办一个像样的网上书店。她开始凭借着自己在融资方面的实践经验，将自己的梦想推销给了风险投资。并为当当网引进第一笔风险投资，就这样，1999 年 11 月，由美国 IDG 公司、卢森堡剑桥集团、日本软库和中国科文公司共同投资，当当网上书店终于开张了。不到 4 年的时间她将一个网上书店做到价值 7000 万美元，2004 年，国际电子商务巨头亚马逊公司出价 1.5 亿美金欲收购当当网，被俞渝拒绝了。现在，当当网的发展势头越来越好，俞渝的能力与个人魅力也被更多的人所认识。

就是这样一个当年因为眼睛高达 600 多度的近视而险些不能报考的名不见经传的小女子，却成了当当网联合总裁。

一个胸怀坦荡的小女人，不会在困境中抱怨、愤懑亦或是自甘堕落，她清楚地知道自己的脚步该迈往何方，即便是漆黑的雨夜，她也能够坚定地一路穿行。

幸福的女人不抱怨

即使外面世界很崩溃，
你也不能崩溃

俗话说"人生不如意事十有八九"，这就是说人生的大部分时间都是在挫折中度过的。上学的时候，有考试和升学的压力；与朋友发生了矛盾，被人误解，痛苦不堪；遭遇不顺，突感现实与理想之间的差距是这么的遥远……时不时地再碰到些失败的打击，暴风雨的袭击……

所有这一切都是我们前进路上的逆向风，无法避免，然而事物都有两面性，逆境和挫折也一样，是一把双刃剑，有弊也有利，让人欢喜也能让人忧。逆境会给人造成精神上或肉体上的痛苦，使我们遭受失败和打击，让我们的生活变得曲折和艰难。然而逆境也能磨炼人的意志，激发人的潜能，使人变得勇敢，变得坚强。那么该怎样面对逆境，希望下面这个小故事能给你一些启示。

一个女孩对父亲抱怨她的生活，抱怨事事都那么艰难。她不知该如何应付生活，想要自暴自弃。她已厌倦抗争和奋斗，好像一个问题刚解决，新的问题就又出现了。

她的父亲是位厨师，他把她带进厨房。他在三只锅里分别放了一些水，然后把它们放在旺火上烧。不久锅里的水烧开了。他往第一只锅里放些胡萝卜，第二只锅里放入鸡蛋，最后一只锅里放入咖啡豆。他将它们浸入开水中煮，一句话也没说。

女儿咂咂嘴，不耐烦地等待着，纳闷父亲在做什么。大约 20 分钟后，他把火闭了，将鸡蛋捞出来放入一个碗内，把胡萝卜捞出来放入另一个碗内，然后又把咖啡舀到一个杯子里。做完这些后，他才转过身问女儿："你看见什么了？"

"胡萝卜、鸡蛋、咖啡。"女儿回答。

他让她靠近些并让她用手摸摸胡萝卜。她摸了摸,发现它们变软了。父亲又让女儿拿一只鸡蛋并打破它。将壳剥掉后,她看到的是一只煮熟的鸡蛋。最后,他让女儿啜饮咖啡,品尝到香浓的咖啡,女儿笑了。她怯声问道:"父亲,这意味着什么?"

他解释说,这三样东西面临同样的逆境——煮沸的开水,但其反应各不相同。胡萝卜入锅之前是强壮的,结实的,毫不示弱,但进入开水后,它变软了,变弱了。鸡蛋原来是易碎的,它薄薄的外壳保护着它呈液体的内脏,但是经开水一煮,它的内脏变硬了。而咖啡豆则很独特,进入沸水后,它们与水融合在了一起。

"哪个是你呢?"他问女儿,"当逆境找上门来时,你该如何反应?你是胡萝卜,是鸡蛋,还是咖啡豆?"

看到这里,不由引了我们的深思,在逆境中,你是看似强硬,但遭遇痛苦和逆境后畏缩了,变软弱了,失去了力量的胡萝卜?是能够在逆境中坚强的鸡蛋?还是勇于改变逆境的咖啡?

每个人行走在人生旅途中,哪能时时顺心,时时如意呢?有时候,你会被狂风暴雨打的湿透,浑身落魄不堪,可是在这样的坏天气里,依然会有人可以快乐地奔跑、歌唱,或许正因为经历过阴沉可怕的鬼天气,她们会更珍惜风和日丽的时刻,珍惜所拥有的一切。

"新娘,为万众瞩目的中心,美如满月,以前没见过她的男男女女,见其美貌,都为之咋舌。除去她眼睛的迷人及低沉的音乐美,她的身段儿窈窕,令人目迷心荡。一如我们常形容美女说:'增一分则太长,减一分则太短;增一分则太肥,减一分则太瘦。'可是她并不节食,也不运动。造物自然赋予她如此的完美,奈何!"这是林语堂在原著中对于姚木兰美貌的描写,除了让人嫉妒的美貌外,她的性格近乎完美,她温柔贤淑、知书达理、以德服人,具有大家闺秀的大气风范,连林语堂自己也明确地说过:"若为女儿身,必做木兰也。"他认为木兰是"道家的女儿",有着《红楼梦》中史湘云的潇洒不羁,也有《浮生六记》中芸娘的优雅聪颖。木兰曾到天津上新学,又从父亲和孔立夫那里接受了新思想的影响,对悲剧式的人生并不厌倦,也不愤怒,而是以道家的情怀从容以待,从家财万贯的富家千金,后变成村妇,最后变成普通农民,木兰始终是勇敢、积极地面对,无论用中国传统美德还是西方社会公德来衡量,都是一个完美

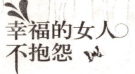
无缺的理想女性。

她聪慧而温柔,具有大家闺秀的风范,举手投足间流露出的是宽怀、坚韧和女性的柔美。因为妹妹的任性逃婚,她顾全大局,代妹出嫁。她放弃了自己的爱情嫁进了曾家,和一个不爱她更不愿娶她的男人曾荪亚生活到了一起。如果说木兰的不幸是从婚姻开始的,但是当时当地,她的放弃也成就着她的坚忍和完美。

正是这样一个命运坎坷而又堪称完美的女性,在风雨飘摇的时刻,木兰接下了曾家的钥匙,用曾太太的话说就是临危受命。其实,木兰不仅挽救着逐渐走向衰败的曾家,她也善待着身边的每一个人,甚至不惜全力解救误入歧途的牛素云。

看着自己的丈夫曾荪亚和女大学生曹丽华爱得死去活来,她在爱和恨的边缘痛苦挣扎,在种种不幸中走向成熟和完美,最终赢得了丈夫的爱和尊重,她的宽容和豁达让她支撑起了一个家族。

其实,每一个女人在遇到外界给你的不幸遭遇时,都会备受折磨和煎熬,甚至很多时候会濒于崩溃,假若你自身没办法咬紧牙关,就很难有力量冲出重围,结果只能听凭命运的摆布,而再也无力挣脱。

勇敢果断地放弃该放弃的

我们每天都要经历这样那样的事情,面对各种各样的选择。人生就是一个不断放弃、不断选择的过程,如果想要快乐,就要扔掉痛苦,想要成功,就要选择拼搏。一个人要知道自己想要什么,更要明白该舍弃什么,放下什么。

在飞奔的列车上,一个妇人不小心将自己刚买的一双漂亮的鞋子掉下去一只,在旁人的痛惜和安慰声中,她却毫不犹豫地将另外一只丢出了车窗外。她清楚地知道,留着这一只对自己已经没有任何意义,只会徒增伤心,如果扔出去,那么路人就有可能捡到一双完整的鞋子。妇人这种与其抱残守缺,不如果断放弃的智慧,值得我们每个人学习。

爱也一样,与其固执地屈服于内心的不坚定,不如果断地放弃,那些无谓的执著只会将彼此伤得更深。

晓娜是一个温柔浪漫的女人,她已经 27 岁了。一年前,有个男人疯狂地迷恋上了她,并采取了一切攻势来追求她。男人温柔诚恳,整体来说也是一个不错的人,但是晓娜每次面对他的时候,从来都没有过怦然心动的爱的感觉,只是感觉比旁人亲近不少。

面对男人真诚的眼睛,她不知道该怎么选择。虽然明明知道男人和他做事的风格和做事方法和很多爱好也不尽相同,但是他们都能坦诚地对待彼此。犹豫不决的晓娜有些困惑了,但是最终还是向男人的执著和痴情投降了,答应了他的求婚。晓娜以为时间会改变这一切,但是,在对待事物的理解差异上,让她一次又一次地感到孤单。

一年后,另一个男人走进了晓娜的视野,那种怦然心动的感觉,让晓娜第一次体会到了爱情的愉悦。他们是如此相像,他们理解事物的感觉又是如此相同。晓娜知道,这才是爱情,这个男人才是她的真正所爱。晓娜想努力挣脱一切,和所爱的人生活在一起。但当她和丈夫和盘托出时,她的丈夫没有愤怒,竟然安静地接受了现实,似乎早就料到这一天的到来,只请求晓娜不要离开他。在这个可怜的男人面前,晓娜再次屈服了。

对于有些感情,一开始就应该果断拒绝,可是却因为别的原因掩盖了自己内心真正的需求和想法,当婚姻失去了真爱的维系,比掉进坟墓还要可怕。

很多时候,能否幸福和快乐,往往就在你的一念之间,在你的每一个舍弃和选择上。当你抱怨自己是多么的不幸,抱怨自己活得太累的时候,回头看看自己,是不是背负了太多本该放弃的包袱。

当飞鸟的翅膀系上了黄金,就很难再展翅高飞。鱼和熊掌不可兼得,你必须有所选择,有所放弃。人们要想在某方面获得成功就必须在其他方面有所牺牲。该执著时

幸福的女人不抱怨

执著,该放弃时放弃,衡量清楚,放弃包袱你就不会跌伤自己。

或许你此刻恰恰正站在人生的十字路口,对于那些明知不能得到的东西,没必要再朝思暮想,勇敢地放弃,就能够给自己一个勇敢追求新目标的机会。一个死守着那些本不属于自己的东西的女人,就不会珍惜身边的美好。果敢的放弃,是一个成熟的女人应有的哲学和智慧。

当你苦苦追寻一份不会有结果的感情的时候,不但会迷失自己,也会徒然地耗费了自己的青春和精力。如果明知那个男人是不属于你的,又何必做些完全没有必要的坚守和牺牲呢?果断地放弃,何尝不是一种解脱?

果断放弃,是面对迷茫时清醒的选择,学会了放弃,才能卸下包袱,轻装上阵。懂得放弃,才能拥有一份成熟,才能活得更加充实、坦然和轻松。放弃了过高的奢望,放弃了不可能实现的梦想,脚踏实地,才能活得真实从容,走出真正属于自己的路来;放弃了不可能的结果,才能重新开始。学会选择就是审时度势,扬长避短,把握时机,明智的选择胜于盲目的执著。正如盛开的鲜花为了结出果实,就必须放弃美丽的容颜;要想拥有星河灿烂的夜空,就得放弃白昼;要想拥有浪漫的雨中散步,就要放弃可爱的阳光。

生活是丰富多彩的,可以追求的东西很多,但如果一味地纠缠在那些毫无结果的东西上,势必走入死胡同,把本该放弃的,就不要再拼命追求。人的生命是有限的,执著是一种精神,放弃是一种勇气和境界,三十六计走为上,得不到的或不该得的,就该果断放弃。如果四面出击把自己的时间和精力分散到各个方面,每一件事都无法做得好,大好时光就在忙忙碌碌中消耗尽了。鞋子是用来保护脚的,但鞋子一旦磨脚,就该果断放弃,打着赤脚上路。手握重权,就要舍弃贪财之欲,保持清正廉洁,方能走得更远更踏实。

放弃也意味着得到,正像一个装满水的瓶子,不倒掉瓶中的水,拿什么去装酒?禅悟的根本目的不是说什么都放弃,而是讲究竟要获得什么,只有果断放弃,才能去追求自己真正需要的东西。要想成为一个高尚的人,就要放弃庸俗;要想成为一个纯洁的人,就要放弃邪念。

放弃,不是逃避,不是无奈,更不是畏惧,只是力拼之后一个智慧的选择。当执著变成固执,当守候变得毫无意义,紧握只留有无尽的伤痛!与其紧抱残留的伤痛,为何不潇洒选择放弃?也许,放弃会让你觉得不甘心,但放弃的背后,你可能会找到一个真实的自己!我们不知道,拨开彩云是否会有明媚的阳光等待着,但至少也可以看到晴朗的天空!当执著只留下伤痛;当爱已成为一种束缚,放弃也是一种美!

感情、工作、生活时时处处都有不一样的选择等待我们做出决定。一个聪慧的女人,敢于放弃人生的累赘,轻松快乐地对待生命中的每一天,这何尝不是一种最大的幸福呢?

幸福的女人不抱怨

第12章

不怅怨财务太紧张，

让持家理财的乐趣化解灰色情绪

在有限的时间里，做更多的事情，是一种能力，同样，用最少的金钱获得最大的满足，也是一种能力。每个女人都应该有精打细算的头脑，又要懂得持家理财的技巧。从自己的现实出发，找到一条最适合自己的幸福之路。

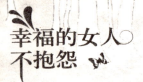
现实的眼光才能找到
现实的幸福

女人习惯用感性的眼光去看待这个世界，用感性的思维去考虑问题。如今的社会很现实，爱情现实、工作现实、生活现实……然而无论如何丰满的理想，离开了现实的眼光也无法把握住近在眼前的幸福，离开现实的阶梯，就很难攀登上更高山峰。

现实的女人并不拒绝清高，因为她们懂得现实并不代表庸俗。一个现实的女人，不会在人老珠黄之后，才猛然发现现实的重要性，因为那时早已经不能再回头。

1.不要活在自己编织的梦想中，认为爱一个人就是无条件的付出

有的人为了成全一个男人，心甘情愿地付出一切。这是世上常见的贤妻良母型的女人。为了对方，她放弃了自己的追求，默默地在背后做一个真正的家庭主妇，安稳地过着相夫教子的生活，以为这就是生活的最大乐趣。直到有一天，这个男的功成名就，渐渐地对身边的黄脸婆失去了兴趣，在外面找了一个年轻漂亮的女人，可是妻子呢，仍然忍气吞声，希求用宽容换来男人的感动，希望有一天他能悔改。

其实，女人并不是感觉不到，只是她心底深处始终铭刻着一种观念，那就是真正的爱，就是没有任何条件的付出。可是这样的男人还值得她去爱吗？女人就这样抱着最后一点可怜的期望，活在自己为自己编织的美好梦想中，仍然像以往那样无所保留、心甘情愿地为他付出一切。可是，殊不知，这个时候的男人已经不愿意再接受她和她所做的一切了。

2.不要用"爱情就是命中注定的缘分"来安慰自己，退而求其次也能得到幸福

情感道路上始终孤独的女子不在少数。一个才华横溢的女人，当谈及感情这个话题的时候，却微笑着说："可能需要一辈子的等待才能等来心中的爱吧！"这样的女人相信，爱情是要靠缘分的，是需要等待的。那个人没来，那就继续等下去吧。总会有一天，完美爱人会手拿红玫瑰，朝自己走来。于是，对待那些自己并不满意的追求者，眼光也变得越来越挑剔：某甲事业成功，可是缺少幽默，不解风情；某乙长相帅气可是有些臭毛病……就这样，她们一直站在路口等待那个早已在心中描摹了千百次的男人。她认定只有这样的人才是最适合自己的，坚信这是命中注定的情缘，只要等下去，就一定会有结果，一定要给自己一个交代。

或许，如今对感情如此执著和坚守的人不多，但是这种无望的挑剔和等待正悄悄吞噬自己的青春，吞噬自己原本伸手就可以够得到的幸福。

很多女人，固执地坚守着命中注定的缘分，实际上，命中注定的事情又能有多少呢？她们抱着打死也不愿求其次的坚持，孤独地度过余生。在白发苍苍之时，独守满室的清冷，那个时候，心中又作何感想？有人说，婚姻到了最后，已与爱情无关。两个人在漆黑的寒夜里能够相互取暖，已经算得上莫大的幸福了。而所谓命中注定的缘分，究竟何时会到来呢？

3.现实的女人不是没有理想

一个现实女人，绝对不是一味地向"钱"看齐。她知道自己需要什么，不需要什么。她能够为自己想要的东西努力争取。

现实女人不是"庸俗、肤浅、虚荣、低级趣味"的代名词，而是一个女人正确价值观和方法论的集合体。如果你想过上富贵的生活，就要趁着年轻的时候让自己接受更多的知识，不一定要取得多么高的学历，但要具备一种持之以恒的学习能力。别让自己落后在别人后面，效仿永远只是跟着别人，要主动的出击，即使做得不够完美也要努力去尝试。女人要注重细节，记住，你忽略的地方，永远都会被对手牢牢地抓住，在这个社会里充满了竞争，别把机会拱手相让。

女人是需要理想的，但不需要那些华而不实的幻想。实现理想的第一步就是要解决自己的温饱问题，怎么让自己过得更好才是每个女人早上醒来要思考的首要问题。高品质的生活，不仅仅是金钱可以解决的，找一个适合自己的男人才是女人发挥

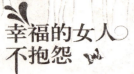
自身魅力的所在。好的男人能让一个女人通过他,体验这个世界的温馨和幸福,而不好的男人,能让女人放弃世界的美好,而去承担更多的悲伤和苦痛。

4.聪明的现实女人,不会抱怨,不会把希望寄托在别人的身上

聪明的现实女人,不是要求别人为自己做什么事情,而是知道自己要做什么事情。愚蠢的人才总是希望得到别人的理解,聪慧的人只要了解自己就好了,所以女人的智慧不是要经常外露的,而是要填充在心中,发挥在生活中的点点滴滴上。

只有那些生活足够富足的人,才有时间去埋怨命运,所以要做一个现实女人,就不要经常的发牢骚,你的那些叹气,是不会为你的命运带来一点儿转机的。

如果现在你还年轻,那么就要为自己的现实生活好好的计划一下。试问天下的女人谁不想拥有一个舒适的生活,那么你有足够的资本吗?青春就是资本,而且还是有限的资源,无节制的开发会在短时间内耗竭,不加理会的顺其自然,是对自己的不负责任。

5.现实的女人知道要选择一个什么样的男人,不会揪着过去不放

婚姻真的可以将女人的一生都改变。不少女人在婚后总是抱怨自己怎么选择了嫁给眼前的这个男人,对自己的决定后悔不已,但是又出于种种原因而安于现状。原本这样的遗憾是可以避免的,错就错在这样的女人没有坚持当时的"现实",从一开始就没有选择对,要想以后不后悔,一开始就要选择正确。

其实世界上没有放不下的情感,只有不愿意放手的人。任何两个人,只要是不存在深仇大恨的,时间久了都会有情感的,所以才会说时间可以淡忘一切,也可以让陌生的变亲近。当然了,不是说为了找到好男人,可以选择一个自己不爱的男人结婚,既然选择了,就要承担这份责任,而这种爱已经不是恋爱时候的那种激烈的碰撞,而是相互照顾,相互尊重,相互理解的一种情意。

现实的眼光才能找到现实的幸福和利益,你此时此刻最需要什么,只有你自己最清楚,让最终的结果和当初的目标始终一致,就要把握好每个现实,做个现实的女人。

不是你的舞台太小，
是你放弃事业太早

不管是在哪个年代，美貌再加上一身的才学或许真的可以让女人无敌于天下，用她们的话说就是自己出国无非是为了给自己镀上些将来能够嫁个好人家的资本，一旦遇上了就可以无忧无虑地挥霍自己的下半生。曾听一位看过《红玫瑰白玫瑰》的人说，女人一旦被圈养，就失去独立的尊严和人格，变成奴隶。如今，女性独立的意识如此强烈，女人不再是男人的附庸。然而长久以来的男强女弱的观念，还是深深影响着每个女性朋友。

女人碰上一个可以为自己担负一切的男人，是幸运，是福气，你没必要辛苦打拼，起早贪黑，照样可以把生活过得滋润，这样的女人有着物质上的优越感。然而过早地放弃自己的事业，就是自己对自己灵魂更新的放弃。

小秦打心眼里认为，女人嘛，干得好不如嫁得好。毕业不久经人介绍嫁给了苏州当地一个比较有钱的人，辞掉了自己原本不错的工作，过着衣食无忧的生活。然而她却有一个刁钻古怪的婆婆，不愿意别人随便到他们家走动。因此，平时小秦也经常拒绝同学或者朋友到她家去玩。虽然也经常跟人抱怨这些，但是自己的生活全靠别人，也只好忍气吞声。一年后，他们也有了自己的女儿。在这样的环境中生活得久了，小秦的性格也发生了明显的变化。在以后的每次同学聚会上，小秦始终不会多说一句话，有时甚至一句话也没有。也许她已经习惯了"沉默是金"，一个人呆在家里的日子长了，她便患上了不爱说话的毛病，又或者由于她已经无法与他人找到共同语言了，这些噩梦，都是失业带来的。堂堂一个大学毕业生，竟然甘心让自己沦落为一个黄脸婆。

你想想,当你与社会完全脱节,与丈夫再没有共同语言的时候,他还能长期地这样容忍你吗?再说,没有工作没有收入,即使自己一心一意想当一个好母亲也很难。就拿小秦来说吧,万一哪天她被遗弃了,又有什么资本与丈夫争夺女儿的抚养权呢?就算争到了,又靠什么去抚养、教育好孩子呢?所以,女人保护自己的方式之一就是要使自己在经济上能够独立。

女人一定要独立,不管未婚的还是已婚的,这是有关尊严和自信的问题。

一个女人以前再漂亮再能干,如果失去了自己的经济基础,那她会活在被动之中。掌握不了经济大权,就意味着失势。即便是结了婚,也要有自己的工作,毕竟爱人不是全部。为自己找一个好工作,这样你才会有自己的工作与事业,也不会被男人看不起。事业和家庭原本不是相互矛盾的,而是可以相互促进的,是让女人自己更加幸福的源泉。

家和事业可以缔造一个完美好强的女人。现代社会中,有知识、有智慧的聪明女人们,平衡于事业与家庭之间,用全副精神来打理事业,用满腔热忱去经营事业。事业让优雅女人一直处于潮流先锋,心态永远年轻。

聪明女人应该有自己的工作,应该为自己的事业奋斗,即使在婚后,也不应该把家庭当作自己的全部。纵使你丈夫可以赚钱养活你,纵使你不愿意抛头露面吃苦受累,但仍要有一份工作,在赚钱养活自己的同时,也更好地"养活"自己的精神世界。外面的环境与事物会让聪明的女人更聪明!走出一味的柴米油盐酱醋茶,让新鲜事物充实生活,因为游走在职场当中才能体会到工作的艰辛和压力,才能更理解事业中男人的烦恼,也许还能为他排忧解难,成为他的支柱,他才会更加爱你,离不开你!

因为事业,女人变得自信;因为事业,女人才可以为自己量身定做属于自己的那份独特;因为事业,女人不会追着满街的流行元素而盲目随波逐流;因为事业,女人才不会为脸上小小的斑点而耿耿于怀,才可以素面朝天地向世人展示自然的美丽时做到神情自若……可这些的先决条件,就是事业,只有事业才能让女人注意自己的外表、言行。有事业的女人是最美丽的。不是因为鼓起来的腰包或者名片上的抬头美丽,而是那种专注和执著的美丽。

当鸟儿的翅膀系上了太多的东西,就很难再有展翅飞翔的勇气和能力。当你抱怨曾经的荣耀不再,取而代之的只是无尽的伤心和痛苦的时候,回头看一看,是不是自己当初过早地放弃了不该放弃的事业和追求,旋转的舞鞋只有在灯光斑斓的舞台上才能展现出最好的舞姿。当你或糊涂或坚决地放弃自己的事业的时候,其实也就是在放弃着自己的天空,丢掉了可以展现自身价值的舞台。

可以花他的钱,
但也要有转身离去的能力

　　如果说,古代女人作为男人的附属品,只为生儿育女、传宗接代,这和那时候大部分的女人没有独立的生活能力是紧密相关的。女人没有受教育的机会,社会也不认可女人去接受什么教育,"女子无才便是德",一切依赖于男人而生活,或者是长久以来印在人们脑海中的也多是"男主内,女主外"的观念,"男子打仗到边关,女子纺织在家园"。

　　历经无数朝代更迭,女人的地位也几经变化和发展。新社会,新思想。男女平等,女人半边天等等。现代女人,早已不再像以往那样,吃口饭都要依靠着向男人讨要,一生只为男人和孩子而活,女人和男人在社会上拥有同等重要的地位,因为女性也有为社会创造各种财富的能力。女人可以走出厨房,走出家门,走向世界。

　　但是,不可否认,惰性为人人所共有,当女人有幸遇到可以让自己轻而易举获取一切的男人之后,心灵深处的惰性也好,虚荣心也好,就鬼使神差地、不由自主地陷进了男人为她编织的幸福泥潭。不知不觉,男人渐渐成了自己前进的拐杖,一旦某一天,幸福耗尽,拐杖不再为自己所用,却发现连起身站稳的力气都没了,转身离去的力量不知何时已经化为乌有,又如何奋起前奔,追寻丢失的梦想?

有个女人原本在一家很不错的外企工作，待遇丰厚，工作上也顺风顺水。后来和一个很有钱的男人结了婚。和这个成功的男人在一起，她过上了阔太太的生活。住的地方气派豪华，堪比星级酒店，出入有私家车接送，一切家务由保姆承担。老公的钱多得她无法想象，自己完全没有必要再去为生活而奔波。于是就辞去了工作在家当起了全职太太。幸福和满足包围着她。为了打发日子不是逛街疯狂的购物就是和别人搓麻将。就这样过了一两年，老公有了新欢，女人不知所措。既收不回丈夫的心，又没有转身离去的勇气，后来在抑郁中走上了不归路。

没有谁不痛恨出轨男人，他们喜新厌旧、抛妻弃子。然而我们在同情弱者的同时，女人也应好好地反思一下自身。婚姻的存在不是一张纸就能保证的，婚姻中有太多的东西存在。夫妻感情的维系，离不开两个人的共同维护，正如再多的金钱也买不到真爱一样，物质的丰厚不一定能保证婚姻一路畅通亦或让濒临崩溃的婚恋转危为安。

幸福的生活离不开经营，而一个有足够自立能力的女人，即使现有的感情破裂，但她仍然能从容地追求幸福和享受人生！女人最大的不幸，不是缺乏安全感，而是在失去了男人的庇护之后，转身离去的能力也随之一起消失了。

男人有男人的事业，女人也不应该放弃属于自己的天空。每个人的生命都是独立和完整的，不可能完全依赖别人而生活。作为女人更应该懂得独立的重要性，但是任何时候也不能忘记，只有经济的独立才能让女人如虎添翼。

奶茶刘若英，很小的时候，在一台钢琴面前，就知道了这样一个真理，即便有一天，爱你的那个男人不要你了，你仍然可以有一技之长，可以养自己，养小孩。万事都可以争取，但是很多时候你无法改变别人对你的感情，你唯一能做的，就是——一个人仍然可以活得很好甚至更精彩！

男人有钱给你花，是你的幸运，但是不要把自己的幸福寄托在别人身上，要自己安排好自己的生活。不能因为自己是女人就可以停滞不前，把一切都推给男人，强烈的依赖只会让你失去独自前行的能力。不能把男人看做太阳，期盼处处阳光，时时温暖。要明白，今天他是你的太阳，明天可能就会成为别人的太阳，没了光亮，你拿什么独自穿行漆黑的寒夜?!

现实中，有不少女人，独立而能干，但经过数年的婚姻生活之后反倒变得脆弱和无力。要时刻记住，很多事情，你可以独自面对，可以花他的钱，也有转身离去的能力，奋勇离开，你会做得更出色。因为，独立是你最宝贵的财富。

做一个独立的女人，你会发现人生别样的精彩。女人，一定要明白：不管是已婚还是未婚，女人都应该保持经济的独立，男人把钱给你花，是因为你们有这样或那样的基础，除了自己拥有，没有什么东西是永恒不变的。如果有那么一天，男人的金钱不再给你支配，你又该如何去面对生活呢？而如果女人自己掌控了金钱以后，不管是成家还是单身，有了独立的经济来源，都会使自己轻松快活、扬眉吐气。

从此刻起，不再抱怨，认为是社会对你不公，抱怨男人对你不薄情，抱怨自己命苦。何不走出来，让自己成为一个真正独立的女子，这将会给你一份幸福婚姻和快乐生活的有力保障。

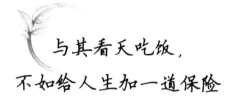

与其看天吃饭，不如给人生加一道保险

人的一生中总会有一些无法预料的事情，不知道何时就会发生在自己的身上，我们无法预知会是怎样的事情，也无法明了它会给我们造成多大的损失，会有多深远的影响。

今天你还过着无忧的生活，或许明天就要为如何驱走困顿而烦忧。今天的我们还拥有着一份体面的工作，一个不错的收入，或许我们根本就不用去上班，家中自会有人主动承担起生活的全部负担，但是明天可能就会悲惨地流落街头。

这个世界瞬息万变，与其靠天、看脸色吃饭，不如多给自己增加一道保险，这样在前进的路上，即便是摔倒了，也不至于伤得太过惨重。

在这世界上有两种事情是不能控制的，一个是意外，另一个就是疾病。现在大家赚钱也不容易，不要把辛苦赚来的钱到时候送给医院。我相信没有人会愿意这样做，但谁又能保证自己这一辈子永远健康，我相信这世上没有任何人能够做到。很多时候，一份保险就能将这意外的损失降到最低，并能在需要的时候给我们带来诸多好处。

能提供保障：保障人们无论何时何地、因任何事故所造成的损害，可避免让自己及依靠自己生活的家人陷入绝境，且无需担心本身收入能力减低或丧失谋生能力。

能解决人生的三大忧患：命太长，自己要钱用；命太短，家人要钱用；中途意外，自己和家人要钱用。

能完成自己退休计划：由于医药的进步，人们的平均寿命日益增高，退休后养老金的需要也较过去多，为了在老年时仍能保持经济独立和个人自尊，有计划地提存资金是绝对必需的。因为这样不但能减轻子女的负担，而且拥有保险，自身的身价提升，子女定会孝顺（可以避免"久病床前无孝子"的说法）。

忠心耿耿的患难之交：因家庭结构的变化，小家庭已占所有家庭数的2/3，在大家自顾不暇的情况下，对于至亲好友所发生的灾害，我们能提供的帮助实属有限，同样，本身也应有此顾虑。唯有保险，平日只需缴纳有限的费用，灾难发生时却可全力提供帮助。

可作为工作能力受损的赔偿：因意外受伤无法工作时，保险可提供固定的家庭收入，这是其他收入来源无法处理的一项好处。

可补偿疾病所造成的经济损失：人没有拒绝生病的特权，而明智的人懂得防患于未然。癌症并不可怕，庞大的医疗负担才最可怕，为自己和家人参加医疗保险是免除重大开支的另一好处。随着人们生活的日益丰盛，运动的减少，重疾发病率也越来越高。

可以避免陷入债务清偿：鉴于一般营利单位的自有现金有限，负责人一旦遭到突发意外，引起债权人涌至、股东纷纷退股的狼狈局面，可能使一个平日堂皇的公司转眼之间荡然无存。而保险是可免沦为债务清偿的工具，可为东山再起保留珍贵资源。

积累财富：人生旅途中，赚钱容易，花钱也容易，投资保险能"强迫"自己储蓄，减少不必要的开支,积少成多,终成财富。

防止通货膨胀和货币贬值:通货膨胀令人讨厌,但钱放在那里都会贬值,而保险有增值的功能。

投资理财的一种方式:投资理财,不能把鸡蛋放在同一个篮子里,投资生意、股票,虽然获利甚厚,但风险也高,有人输得一干二净,而解决的方法是分流部分资金投资保险,"我虽然没有钱,但拥有保险的保障,仍能安居乐业"。

有负债更应当买保险:如按揭买楼,贷款做生意,是一种延期责任,为保证家庭的生活品质,家庭收入的主要成员要有保险,否则,一旦发生意外,不得不卖楼或典当才能维持生计。

人从出生到老都在消费,可以赚钱的时间是有限的。在这有限的时间里,我们不但要保证日常的开销,还要顾及孩子的教育和养老问题。可是在这有限的时间里,又不能保证我们安安稳稳的赚到钱,因为疾病和意外常常不期而至,风险一旦来临,一切美好的希望都将化为泡影,所以人生应及早做规划,为未来做准备。简单地说,这就是保险最大的用途,平时当存钱,有事不缺钱。

保险是一个人生活质量的度量衡。个人生活质量的衡量标准不在于是否因某种良机从此享受荣华富贵,过挥金如土的生活,而在于是否在较高的物质享受下安全、稳定、和睦、无忧的精神富裕。在这种需求下保险应运而生,标志着一种新的社会文明从此缔结。

保险代表着人类的生存智慧,在危险和风暴即将来临时,帮助我们尽可能地做好"防备工作",抵制着因不可抗拒的风险导致个人生活质量下降,减少人们因遭受不幸的痛苦,在社会生活中以其独特的风格和美丽促进经济的繁荣稳定。聪明的女人,一定要趁年轻自己还有能力赚钱的时候为自己设计一份适合自己的保险。千万不要等到自己发现自己身体状况发生问题了和老了才想到要买保险。买保险就像飞机上的降落伞,虽然未必有用,但这份保障却是实实在在的。

"保险"不仅仅是我们存在银行里的一笔钱,或者是一沓厚重而有质感的保险单。女人要学会为自己的身体、健康和幸福买单,女人在为生命投保的同时,其实也在为自己多开拓了几条走向成功的路。

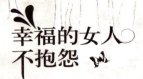
在开源节流中寻找理财的乐趣

会理财的人，可以用钱生钱，说白了，理财也是一种投资。财富的升值离不开正确的理财方式，不同的态度和思维也决定了所选择的不一样的理财方式。

说到这儿，我想起来一个小故事。

有一位远近闻名的富人，有天在路上正巧碰到一个亲戚，这个亲戚家里很穷，当时还衣衫不整地往前走着，他觉得这个亲戚很可怜，于是就大发善心，决定帮助他发家致富脱离贫困。富人告诉穷亲戚："我送你一头牛，你好好地开荒，春天到了，我再送你一些种子，你撒上种子，秋天你就可以获得丰收、远离贫穷了。"穷亲戚满怀希望开始开荒。可是没过几天，牛要吃草，人要吃饭，日子反而比以前更难过了。

穷亲戚就想，不如把牛卖了，买几只羊。先杀一只，剩下的还可以生小羊，小羊长大后拿去卖，可以赚更多的钱。他的计划付诸实施了。可是当他吃完一只羊的时候，小羊还没有生下来，日子又开始艰难了，他忍不住又吃了一只。他想：这样下去还得了，不如把羊卖了换成鸡。

鸡生蛋的速度要快一点，鸡蛋可以立刻卖钱，日子立马就可以好转了。他的计划又付诸实施了。可是穷日子还是没有改变，他忍不住又杀鸡，终于杀到只剩下一只的时候，他的理想彻底破灭了。

他想致富算是无望了，还不如把鸡卖了，打一壶酒，三杯下肚，万事不愁。很快，春天来了，富人兴致勃勃地给穷亲戚送来了种子。他发现，这位穷亲戚正就着咸盐喝酒呢！牛早就没了，房子里依然是家徒四壁，他依然是一贫如洗。

由此可见，不同的生活态度和思维方式会产生完全不同的结果，故事中的穷亲戚两眼只盯着"现在"，吃干花净，过了今天不想明天，而正确科学的理财就要摒弃这种消极的生活态度和思维方式,树立一种积极的、乐观的、着眼于未来的生活态度和思维方式。

很多人虽然已经有了工作,但还是脱不了月光一族,时常抱怨自己的钱不知道花到什么地方去了,有的不得已甚至还要去啃老。

其实,理财和每一个人都息息相关。拿那些职场新人来说吧,"我终于自由了,自己赚的钱想买什么就买什么"等等这样的想法是不可取的。要把理财当成一个良好的习惯和计划并付诸行动。其中,最重要的环节就是开源节流。

小楚刚参加工作不久,每个月的工资是2500,跟同学相比已经算是不错的了,月底的时候也能有几百元的结余,可是总觉得稀里糊涂地就把钱花光了,回头再想也想不起来钱都花在什么地方了。她很是苦恼,后来听人建议,她将每个月的花销都精打细算,量入为出,对自己的支出情况记流水账,不论金额大小,不论什么用途,都在流水账中体现。每个月下来后,根据自己的收入和支出看看还有多少节余,对于一个没有任何经济负担的职场新人来说,每个月的节余比率应该在30%~40%(节余比率等于每月节余除以月收入)。如果节余比率较小,或者说每个月下来根本就没有什么节余,那么就要认真地研究自己的花销流水账,分析哪些支出是必须的,而哪些支出可以少支或不支,这样调整自己的思路,坚持了几个月发现还真有很明显的效果呢。

对于刚入职场像小楚这样的女孩不在少数,常常因为花钱没有计划和节制几年下来还没多少积蓄。因此,理财的确很重要,不管你每个月的工资是多少,一定要有强迫自己存款的习惯,做到量入为出,对于哪些是必须要花费的哪些是可有可无的开支,一定要做到心中有数,并尽力节省不必要的开支。

现在女性已经走出家庭的束缚,在走向职场的同时,所拥有的财富也在与日俱增,女人有了独立的自主权,而如何支配手中的财富,每个女人也有着各自不同的理念,理财能力和消费能力一样不容小觑。

如何做一个会理财的幸福女人,在开源节流中享受理财的乐趣呢?

首先要改变自己的消费习惯,再谈理财。理财是需要资本的,不管是月光族还是等待老公或家人发薪水的家庭主妇,改变消费观念是关键,将那些不必要的开支变成理财的资本,理财不是口号,要身体力行,更要持之以恒,相信"你不理

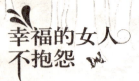

财,财不理你"。

让消费物超所值。比如说美丽的女人投资外貌,聪明的女人投资内在。充实自我理财观念、开阔视野,俗话说好钢用在刀刃上,消费也一样,用在关键之处才能有最大受益。那些利用知识生财的女性是最聪明的理财方式。

还有一种就是强迫储蓄,定期投资。这可以让部分薪资转向投资账户,多年后成效绝对令你满意。

除此之外,处于人生不同阶段的女人,理财的重点也不一样。

对于正处于20来岁的年轻女孩来说,她们刚入职场不过几个年头,除了累积职场经验与社会认同外,更重要的是趁还没有家庭的拖累,尽早累积投资理财的本钱,否则两手空空,连眼前生活都成问题,又怎么谈及以后的理财呢?

待手边有了一笔闲钱,便可以开始进行投资,由于年轻人有承担高风险的本钱,适度投资高风险、高收益的产品,能快速累积金钱。

对于处于而立之年的女性来说,在成就与财务逐渐累积至一定水平后,接下来可就要精打细算了,不仅要让现在的日子过得更好,也要让老年生活更有保障。这个阶段女性最大的开销多以置产、购车为主,已婚女性更要准备子女的教育基金,以免日后被庞大的教育费用压得喘不过气。

此外,不断为家庭贡献的女人,也别忘了要好好爱惜自己,加强保险功能,并依照自己需求分配保单比重,为现在及老年生活打底。

等到了不惑之年以后,那个时候孩子也大了,经济状况也稳定了,看一下夫妻双方的退休金是否可以维持以后的生活,忖度一下有可能接踵而来的医疗费用支出,这个阶段的女人可以增加一些稳定并且有固定收益的投资项目。

理财方式因人而异,就是同一个人,处于不一样的阶段和境遇,情况也会有所不同,但是如果你拒绝将自己打造成一个理财的高手,那么在别人纷纷买苹果四代的时候,就别抱怨自己手中的钱只能买四袋苹果。

钟情买不起的奢侈品，
不如享受你能把握的现实

奢侈品消费已经成为一些人享受生活、重视生活、彰显个性的体现，但是奢侈品消费毕竟是少数人的行为，不可过分追求，尤其是对于那些追求时尚、但经济实力有限的女人来说，花几个月的工资去买一个名牌皮包，结果成为啃老族、月光族的做法并不可取。因此奢侈品消费，应该量力而行。

于小姐是一家民营企业的会计，她每个月的工资加奖金也就 3000 块钱多一点。但是小于却是一个不折不扣的品牌消费的追求者。上个周末，她经过市区一家品牌包店，刚进去，就被一款刚上的新款式的包吸引了，价钱都没来得及问，就毫不犹豫地决定将它买下来。光这个包就花掉了她两个月的工资和奖金。每次看到喜欢的款式，她都无法控制自己的购买冲动。尽管钱包内信用卡被刷爆了，家里奢侈品已堆得老高，但她依然背着"负婆"的称号，穿梭在市区各大名品店内。

在购买这些名品时需要量力而行，切不可为了面子而让自己背负沉重的经济负担。这样的消费已经不再是简单的超前消费了，已经带上了病态的影子。每次收到信用卡账单时的紧张和焦虑也没法遏制自己的消费欲望，这样周而复始，只会加重自己的负担，形成了一个恶性的循环，对身心健康都极为不利。

名品的确很吸引人，如果你出入朋友圈子，身上有这么一件很上档次的东西，在朋友面前也的确可以风光一把，然而这种消费如果是以"负债"为前提的话，就大可不必了。

女人，一味地追求奢侈，不但不能提升自己的生活品质，反倒会让自己变得更加低俗。

一切的奢侈，都给自己提供了更多的不便。你会发现自己得到了物质的奢侈以后，失去的才是最珍贵的。一个人从简朴走向奢侈的过程，就是自由逐渐失去，也就是自己从自由一点一点走向"被奴隶"的过程。家庭的温馨，心灵的坦然，精神的放松，那种养心养性的淡泊，那种田园小径的闲适，都渐渐失去了。而这恰恰是生命的最高境界啊。

很多人都想当然地认为，只要拥有足够多的财富，就能彰显自己的品味，因为财富的多少，可以决定房子的大小、服装的品牌、跑车的性能，而这些正是决定自己生活品质的砝码。

事实上，当一个追逐奢侈生活的女人，迷失在社会的潮流和时尚中的时候，她所失去的远远地超过了她曾经处于简朴生活状态的时候。

想一想我们究竟需要多少金钱就能满足自己生活的需要，这种奢侈究竟有没有价值，就会发现实在是得不偿失。

当一个人把拥有一栋豪宅作为自己的目标和荣耀的时候，也就是把自己变成了豪宅的仆人了，每一天置身于它的豪华房间里，精心地去布置、去摆设，精心地去维护它的整洁和秩序，为了它的尊贵而谨小慎微。本来家是一个让你休息的地方，但有了豪宅就不同了，它让你变成了它的仆人，整日让你为它服务。

当一个人为了追求金钱而不惜一切的时候，也就等于把自己的生命赌给了金钱，自己也就变成了金钱的奴仆，得不到的时候为得不到而忧愁，得到了又因为担心失去而焦虑。

当穿上了一套高级的衣服，种种的禁忌就来了，要定期干洗，要定期熨烫，要躲避拥挤，要有配套的衬衣和皮鞋，还要时刻注意走路的姿势和形象。

当用上了昂贵的化妆品，他就开始担心了，担心灰尘毁坏了面部的造型，担心不小心用手抹下了痕迹。

很显然，一个人的生活每增加一分奢侈，就是给自己套上了一个枷锁，自己也就失去了一分自由。对奢侈的物质生活的种种向往，变成了心灵精神的沉重负担。这种负担变成了一种精神的奴役，让你时刻都生活在一种压抑烦躁的状态之中。因此我们看到的都是越来越多为了奢侈而正在失去自由、正在失去快乐、正在失去幸福的人们。

生活的品质不是由财富的多少决定的,而是决定于我们的精神生活,决定于我们生活的态度。一种简朴的生活也绝不会缺少种种难得的幸福和快乐。当我们懂得了这样的道理之后,其实也正是在与高品质的生活靠近。

不要埋怨你的工资太少,不要埋怨你的丈夫不会赚钱,不要羡慕别人的宝马香车,不要羡慕大款们的挥金如土,因为你不用付出他们那样的代价,而你目前所拥有的平凡生活正是他们求之不得的。

当你为了一辆好车,挖空心思、处心积虑的时候,不如骑好脚下的电动车,慢悠悠地徜徉于城市的车水马龙中,脑海中萦绕的是一进家门就能闻到的饭香味。懂得惜福,才会有福。珍惜当下,同时努力奋斗,去追求真正能为你带来幸福的生活。惜福才会有福!与其羡慕远大虚幻的浮云,不如珍惜身边的点滴甘露。

钟情于那些自己消费不起的奢侈品,是对自己生命的浪费和否定,当你为一套豪宅透支了全部的心血,倒不如在简陋的公寓内和家人一起享受温暖的阳光,并用自己的努力一步步踏踏实实地接近梦想的生活更为幸福和快乐。

幸福的女人不抱怨

第 13 章

不怨怼倒霉比幸运多，

看小问题要以大世界为参照系

在人生之路上，女人柔弱的肩膀更容易被袭来的暴风雨击倒，愤恨、嘶吼都无济于事。"只有自己才能救自己"，这是真理。不可否认，自救者方能多福。整理一下行囊，怀一颗感恩的心，揣着阳光的微笑，就能走出阴霾，看到最美的花朵。

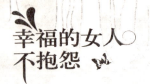

抬头看世界，
并不是只有你自己倒霉

早上睡过头了，以最快的速度穿戴整齐，径直朝公司奔去，可刚走到楼下，从没出过问题的高跟鞋竟然掉了一个跟，于是内心不禁抱怨自己真是倒了大霉了；事业刚刚有了起色，孩子却被检查出患了严重的病，埋怨上天对自己真是不公……

糟糕的境遇常常让我们措手不及，甚至是抱怨不迭。其实，每天都可能会有无法预料的事情发生。

在美国佛罗里达州曾经发生过这样一件事情。男人正在院子里修理摩托车，妻子在厨房做饭。可是这个男人不小心将摩托车发动了，而且还加大了油门，更不幸的是他的手还卡在车子的把手上，他就这样被车子拖着朝房子的玻璃门撞去，最后跌坐在地板上。他的妻子听到声音赶紧从厨房跑了出来，看到男人满脸是血地在地上坐着。于是立即就打电话叫了救护车。救护车很快拉着丈夫去了医院，她留在家里收拾，她将摩托车推到院子里，又用纸巾把从车上洒落在地板上的汽油擦净，然后将这些脏纸巾倒进了卫生间的抽水马桶里。男人的伤势不算严重，在医院包扎后就回家了。到家后不久，他进卫生间方便。由于心情不好，他抽了一支烟，抽完后就顺手将烟蒂从两腿之间扔进抽水马桶。接着的事情可想而知。他的妻子在厨房里听到了很响的爆炸声和尖叫声。她跑进卫生间，发现丈夫躺在地上呻吟，他的裤子已经成了碎布片，屁股也被炸成了焦炭一样。她再次打电话叫了救护车，而医院派来的救护车仍是刚刚来过的那辆救护车。护士们一边用担架将受伤的男人抬出家，一边询问原因。当女人讲述了来龙去脉后，一个护工忍不住笑了起来。这时正好是下台阶,该护工脚一滑手一抖将伤员从担架上摔了下去,结果这个倒霉的男人又折断了胳膊。

人生在世,不如意事十之八九。当我们遇到不顺心的事情的时候,不要把情绪放在认定自己就是全世界最倒霉的一个,而要放在如何面对的行动中。你愿意像祥林嫂那样整天抱怨自己的不满不顺不公平,还是愿意用另一种心态来坦然地对待呢?

很多时候,我们往往只清楚自己所遭受的困难,而看不到其实别人说不定也正和你一样有着相似的境遇,甚至面临着更为艰辛的遭遇。我们难以了解别人的不幸,因此才会感觉自己是这个世界上最不幸最倒霉的人,殊不知,你的生活或许正是别人所羡慕的呢?

可以理解,在我们每个人的内心深处,不免都会有一些不满意的愤慨,其实这是人生的常态。当上帝在你前进的道路上关闭了一扇门的同时,你无需紧张,更无需自怨自艾,说不定,就在不远处,为你开了一扇窗。

记住,你永远都不会是世上最倒霉的人。

当你慨叹自己为生活来回奔忙辛苦攒下的钱还不够一套房子的首付的时候,在世界的另一个角落,还有多少人过着衣不蔽体、食不果腹的生活;当你因为一场灾难受了重伤,在医院整整躺了一个多月,痛惜自己错过了重要的会议,错过了晋升的机会,甚至错过了你最爱的那个人,世界上同一时刻有多少人或者因为战争或者因为更大的灾祸而离去的时候,他们错过的却是永远的风景,失去的是永远都无法挽回的生命。这一切就足以证明,如果你还有力气为错过而惋惜,为伤痛而难过,那么你就是幸运的。

不要总是盯着自己的不开心,满世界的抱怨自己是多么的倒霉,你看那炉子上的茶壶,屁股被烧得滚烫,嘴里却吹着开心的口哨。

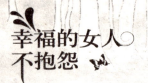
完美是梦想，
残缺中的幸福才是常态

"我有天使一样的脸蛋，如果再给我一个魔鬼般的身材，那真是太完美了。""很多人羡慕我现在的生活，其实要是再……那就足够完美了"。很多女人会有这样那样的不满或者不甘心，总时不时地生发出"如此这般，堪称完美"的慨叹和抱怨。每个人都在试图追求着完美，说到底，每个人都是芸芸众生中极为平凡极普通的一个，然而对于这平凡的大多数来说，完美永远只是一个梦想，当你达到了一定的高度的时候，你的眼睛又会朝着更高的方向望去，当你拥有了别人艳羡的资本的时候，你又会有这样那样的目标和愿望，尤其是女人，似乎永远都没有满足的时候。

有人说，幸福不在于你是谁或者你拥有什么，而是在于你怎么想。也许你也听过挑水夫和两个水桶的故事吧。以前有一个挑水夫，他有两个水桶，一个桶有裂缝，另一个则完好无缺。每天，他都要用扁担挑着这两个木桶去比较远的地方给主人家挑水。那个完美无缺的桶每次都能将满满的一桶水送到主人家，可是那个有裂缝的到家只剩下半桶水。当然好桶对自己能够送满整桶水感到很自豪，而破桶则对于自己的缺陷感到非常羞愧，它为只能负起一半的责任而难过。

饱尝了两年失败的苦楚，破桶终于忍不住了，在小溪旁对挑水夫说："我很惭愧，必须向你道歉。"

"为什么呢？"挑水夫问道，"你为什么觉得惭愧？"

"过去两年，因为水从我这边一路的漏掉了，你只能送半桶水到主人家，我的缺陷，使你做了全部的工作，却只收到一半的成果。"破桶说。

挑水夫却笑笑对破桶说:"呵呵,等我们再往主人家赶回去的时候,你留意一下路旁盛开的花朵。"

走在回家的山坡上,破桶突然眼前一亮,它看到缤纷的花朵开满了路的一旁,沐浴在温暖的阳光之下,这景象使它开心了很多。

但是,走到小路的尽头,它又难受了,因为一半的水又在路上漏掉了!破桶再次向挑水夫道歉。

挑水夫温和地说:"你有没有注意到小路两旁,只有你的那一边有花,好桶的那一边却没有开花吗?我明白你有缺陷,于是就在你那边的路旁撒了花种,每次我从小溪边回来,你就替我一路浇了花。两年来,这些美丽的花朵装饰了主人的餐桌。如果你不是这个样子,主人的桌上也没有这么好看的花朵了。"

破桶听了之后,心情终于释然了。

作为一个装水的木桶能够完美无缺是多么值得自豪的一件事情,因为每次都能够给主人家满载而归,然而这种看似完美的背后,其实也存在着缺陷,因为完美而残缺,看似矛盾而又确确实实的存在,看看那个有漏洞的桶就明白了。如果没有那只不完美的桶,就没有路边鲜花的"完美"绽放。残缺的木桶看到那些芬芳的花朵,亮丽地开在眼前,何尝不是一种幸福呢?生命中有个小小的缺口,也用不着悲观哀叹,或许,它可能就是让我们追求幸福的动力。正如罗兰所说:"凡事不妨保留一点缺陷,缺陷正是希望的动力。"

如果我们一味地追求所谓的完美,就不可能轻轻松松地面对生活,更不可能创造成功幸福的人生。完美是每个人都想拥有的,残缺并不是你所能把握,然而残缺却能孕育出另一种完美。

曾有一位女孩有一副婉转动听的歌喉,但却长着一口龅牙,十分难看。有一次,她去参加歌唱比赛。看到别人都打扮的风姿绰约地登台表演,而轮到自己上场的时候,不免有一种紧张,这种紧张来自于自己的不自信,她下意识地去掩饰自己那难看的牙齿。她的这些举动令评委和观众们感觉好笑,结果她只能以失败告终。

赛后,一位发现了这位女孩出色音乐潜质的评委在后台找到了她,很认真地告诉她:"你会成功的,但是你必须忘掉你的牙齿。"

幸福的女人不抱怨

217

在第二次的比赛中，她从失败中总结经验教训，不再遮掩那丑陋的龅牙，大方地一展歌喉，这样，人们才发现这位富有才气的歌手。结果当然是她大获全胜。后来，她的牙齿竟然被歌迷们评为世界上最漂亮的牙齿。

她就是著名的歌唱家——卡丝·黛丽。她的龅牙同她的名字一样响亮，甚至代表了她的形象，成为一种美丽的象征。

对于女孩子来讲，容貌有时候胜过一切，长了一口龅牙，是多么"难以启齿"的事情，当别的女人在追求容貌完美的时候，她却用完美的歌喉为自己赢得了一片天地。

我们很多时候都在为自己的平庸或者丑陋感到自卑，忽略了自己的价值。其实只要善于发现，我们完全可以从自认为丑陋的身上找出有价值的东西。

上帝给了你美丽的容貌，却不给你博大的思想；上帝给了你高深的智慧，却不给你健康的体魄。所谓"金无足赤，人无完人"，没有一件事是十全十美的。但这也并不妨碍我们创造美，欣赏美，因为残缺也是一种美。

但是大多数人常常埋怨自己的生活不美满，这不如意那不舒心。总之，在他们眼里，到处充斥着不完美，这影响了他们的心情，破坏了他们的生活。其实，不完美是生活的一部分，拥有缺陷是人生另一种意义上的丰富和充实，面对诸多的不完美，如果你能够用一种平和的心态来对待它，劣势也能变优势，残缺也能塑造出完美。正如断臂的维纳斯，因为有了缺陷而变得更加典雅特别、美丽动人而富有想象。

人生是没有完美可言的，完美只存在于理想之中。生活中处处都有遗憾，人生没有绝对的完美，要学会接受不完美，学会从残缺中品味出完美和幸福的真谛，这才是真实的人生。

直面坎坷，
是为了下一步走得更好

几片茶叶静卧杯底，当滚烫的水注入杯中时，立时香气四溢。难怪有人发出"浮生若茶"的感慨。人在面对坎坷困境时的磨砺就如茶叶在沸水中翻腾挣扎，而那四溢的香气就如人们挺过痛苦与折磨后而迎来的让人欣慰的成功。

每个人都祈求生活之路能够畅通无阻，平坦广阔，然而世事难料，不可能永远一帆风顺。遭遇挫折、路逢坎坷的时候，懦弱躲避永远都不会顺利翻过眼前的大山，只有勇敢面对才能涉过人生的险河。

郭沫若游普陀山时拾到了一首绝命诗。诗的作者是一位因三次高考落榜而决意"魂归普陀"的姑娘。郭老当即书赠了"蒲松龄落第自勉联"："有志者，事竟成，破釜沉舟，百二秦关终属楚；苦心人，天不负，卧薪尝胆，三千越甲可吞吴。"并耐心地开导她，使她重新鼓起生活的勇气。她当即作诗感谢郭老："梵音洞前几彷徨，此身已欲付汪洋；妙笔竟藏回春力，感谢恩师救迷航。"无疑这位姑娘是成功者，至少她及时挽留住了自己的生命，给了成功必要的前提。虽然因为一时的想不开而做了不应有的选择，但是郭老的一副对联终究给了她直面坎坷的勇气。她明白了，一个人可以有难过和灰心，可以有失意和苦痛，有残损和不幸，但不可以对源远流长的个体生命不负责任。

人生就像一次旅行。不同的旅行者在同样的旅程中，遇到同样的挫折坎坷的时候，无外乎三种态度。第一种是积极进取，直面人生。这种人敢于向命运挑战，不怨天尤人，愈挫愈勇，最终成为生活的强者。旅途虽然艰辛但也收获颇丰；第二种就是消极颓废，自甘堕落。他们但凡遇到点滴挫折或者阴雨天气，就会停滞不前，甚至被风雪击垮，这种人很容易自暴自弃；第三种就是麻木不仁，无所作为。这种人对一切都是逆来顺受，抱着一种无所谓的态度，不思进取，认为一切都是上天注定，这样的人生活往往是一潭死水，毫无生机可言，人虽在旅途，但领略不到旅途的快乐。

要想成为一个像样的旅行家，要有承担风险的勇气，才可以看到别人不曾拥有的乐趣。我们每一个人都有遭遇坎坷的时候，与其悲伤流泪，不如充分利用既有的条件勇敢地面对。没有谁遇到坎坷会兴奋异常，沮丧难过是难免的，只是有的人在允许自己短暂的失落过后，重整旗鼓，勇敢地去面对。人生其实就是一个不断战胜失落、跨越坎坷、不断奋斗、不断收获的过程。当我们在漆黑的雨夜中仍然要坚信阳光会照亮一切。

对于平坦好走的路程，我们庆幸，而不幸走到人迹罕至的孤岛，面对狂风闪电，能够克服眼前的困难，旅途将会变得更为精彩难忘和有意义。

无论遭遇什么样的坎坷不幸，都要勇敢面对，牢牢把握住人生的方向，千万不要在逆境面前迷失了自己！

躲在温室里的花永远开不出灿烂的颜色，只有经过暴风雨的洗礼才能换来彩虹闪烁的时刻。我们在工作生活中难免遇到各样的困难和烦恼，要想出类拔萃，就要勇于拼搏，勇敢接受生活的各种挑战。宝剑锋从磨砺出，梅花香自苦寒来。工作的失意，生活的困顿，情感的折磨又算得了什么呢？人生中每一个困难都是一份磨砺，每一次挑战都会让你更加成熟！

成功属于那种在困境中仍然保持昂扬的斗志，永远怀抱信息奋力拼搏的人。张海迪在轮椅上书写了生命奇迹。正是因为她无论处于何种境况都怀揣着伟大的梦想，并向着它一步步地攀援前进。对于这种人，困难与挫折是他们的财富，困境更能磨炼他们的意志，更能激发他们的热情。他们明白，向困难挑战是人生一大乐趣。每战胜一个困难，就意味着他在走向成功的路上又前进了一步。

有谁说过，磨难是一笔财富。那么，不幸也是最好的大学。面对种种磨难和不幸，我们应鼓起勇气，接受生活的各种挑战。

在生命旅程中，我们难免会遭遇各样的挫折和磨难，但只要抖擞精神，顽强应战,通过这段痛苦的逆流,终能走向更高的层次!

我们的生命本该具有顽强的生命力和无穷的潜能。面对压力和挫折,只要我们能够坚强面对,就一定能够克服前进的障碍。

对于一个女人来讲,青春不是年华而是一种心境,一个幸福的女人要有独立、平和、善良、宽容的品质,更要有直面坎坷的勇气,这样的女人是自信的、出色的,她们能够在乌云密布之时仍然可以牵着幸福的手一路向前。

坚强面对人生逆境, 把困难踩在脚下

"人生不如意事十之八九",困境挫折在所难免,我们无法预料前方的道路是坎坷还是平坦,唯有保持一颗淡定坚强的心方能从容应对暴风雨的袭击,从而走向美好的明天。

一头驴,不知犯了什么错,被人们推进了一口枯井。或许它老了,不中用了,在人们当中只会造成负担?就这样让它呆在那枯井里,让它自生自灭?可是,令人想不到的事仍然在发生着。接下来,人们用铁铲不断地把井旁的土扔到了井里。原来,他们想用这种方法让那头可怜的驴子与世永别。

深深的枯井里,幽幽地传来驴子无望的叫喊。似乎是在向人们请求着什么,又似乎是在用自己含血的哭诉向遥遥的天穹控告着什么。可是,这叫声只持续了那么一会儿,就再也没什么声音传来了。是驴子彻底绝望了吗?面对人们那般的侮辱,身在井底的老驴又能做些什么呢?它在等待着那窒息的死神一步步向自己靠近,靠近,再靠近吗?

不！驴子出奇地平静下来了。它在那不断投向自己的泥土中闪躲着。它惊奇地发现自己在一点一点地抬高。是的，它的确是在不断地向井口靠近。它强忍着扑面而来的疼痛，强忍着心头的泪水与头上流血的伤口，一脚一脚地把投下来的泥土踩在脚下。尽管它在那样狭小的空间里有些忙乱，但它一直不忘抖落身上的泥土，抬起自己的脚，不断地向上攀升。当井中的泥土越来越多，它离井口越来越近，离死神就越来越远……

终于，它以一种从容的态度出现在惊异的人们面前，它重生了……

作为枯井中的一头驴子，面对无望的明天，面对恐怖的场景，始终保持着对生命的渴望，对天空的向往，把一切困苦绝境踩于脚下，抖落一身的疼痛，获得心灵的升华与生命的超脱。

驴子被推进枯井已够不幸，但对生的哀嚎却又换来掩埋的泥沙。在生命旅程中，我们也难免会陷入"枯井"，会遭遇各样的"泥沙"，但只要抖擞精神，顽强应战，借着冲过来的泥沙，重获新生！此刻，你也在"井"里吗？只要咬紧牙关，通过这段痛苦的逆流，就能走向更高的层次！

我们的生命本该具有顽强的生命力和无穷的潜能。面对压力和挫折，只要我们能够坚强面对，就一定能够克服前进的障碍。

就如驴子的情况，在生命的旅程中，有时候我们难免会陷入"枯井"里，会有各式各样的"泥沙"倾倒在我们身上，而想要从这些"枯井"脱困的秘诀就是：将"泥沙"抖落掉，然后站到上面去！

事实上，我们在生活中所遭遇的种种困难挫折就是压在我们身上的"泥沙"。然而，换个角度看，它们也是一块块的垫脚石，只要我们锲而不舍地将它们抖落掉，然后站上去，就可以把困难踩在脚下！

海伦·凯勒被人称作19世纪最了不起的人物之一，原因正是她对待逆境的态度。在一岁半的时候突然患上了急性脑充血病，连日的高烧使她昏迷不醒。当她醒来后，眼前却是一片黑暗，耳朵再也听不到任何的响声，想哭喊也发不出声音，上苍对她如此残忍，她成了可怜的集聋、哑、盲一体的特殊儿童。还没怎么享受阳光雨露的滋润，却被命运无情地丢到了令人恐惧的深渊。可想而知，海伦以后的人生成长道路将会面临怎样的一番境遇。

但她没有退却，依靠自身顽强的毅力学习盲文，靠手的触摸来体验文字的含义和别人说话的意思。她花了大量的时间在聋人学校学习数学、自然、法语、德语，后来，渐渐地，她可以用法语和德语阅读小说。在考大学时候，英文和德文还取得了优异的成绩。

1904 年，海伦以优秀的成绩从大学毕业。然后把自己的一生献给了盲人福利和教育事业。

海伦所面临的是常人无法想象的困境，可她勇于面对现实，敢于拼搏，谱写了一曲激荡人心的生命之歌，赢得了世界舆论的赞扬。海伦面对逆境不自卑，在挫折面前不低头，终于成为生活的强者。

有时候，逆境和不幸犹如一双无形的大手狠狠地将我们丢弃到无底黑暗之中，周身布满了寒冷和打击，有的人却消极地抱怨命运不好，时运不济，将所有的责任都推给外界条件，而抱紧自己的忧伤和不幸在郁郁寡欢中度过，甚至是自暴自弃。本杰明·富兰克林说："你有权决定自己对逆境的态度和自己的前途。"你可以屈服于环境，也可以改变环境，关键在于你对困难所抱持的态度。怨天尤人是软弱，逃避绝对不是办法，唯有坚强才是武器。把困境看成磨练意志和增强力量的契机，不畏艰险，勇敢地与暴风雨抗衡的人才能走出生命的低谷，一路攀援上升。

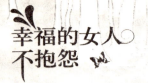

女人，有怀旧情不要有恋旧瘾

怀旧，顾名思义就是怀念往事或者故人。在这个压力倍增的时代，适度的怀旧的确可以让压力在对过去的美好回忆中有所消解，但是不可上瘾，任何一种事物都一样，如果到了成瘾的地步，产生强烈的依恋感，从而无法自拔，无从释怀。

怀旧是一种人之常情，当我们远离家乡去到一个陌生的地方，我们会不由自主地想起以前的挚友，怀念在一起的点点滴滴，我们甚至会在梦里无数次梦到曾经熟悉的地方，无数次地梦回故乡，这样的怀念无不渗透着我们对故土、故人的无限思念和深厚的情感。

怀旧情结往往会在女人身上更容易出现，但是在感情世界里，女人可以怀旧，但千万不可以恋旧。爱情一旦破裂，就很难复合，就算是万般不舍经过努力终于重修于好，但是这份感情再也回不到最初想要的那种味道了。对于无法挽回的恋情不如就让它埋在心里，成为美好的回忆，而不能死死抓着不放。

安雅与男友分手已经两个多月了。最初，安雅根本就不相信一度深爱着自己的男友竟然提出了分手。受不了失恋的打击，安雅的生活一下陷入了低谷。整个天空都是阴云密布，她的脑海里只有以前和男友在一起的幸福回忆，她没办法接受分手的事实。工作也因此受到了影响，觉得做什么都已经没有意义和乐趣可言。

就这样苦撑了几个月，当初的伤痛还是没有丝毫的好转。有一天熟悉的铃声突然想起，一看是男友打来的，她激动之余仍然有着足够的清醒。她明确地告诉男友已经分了，就不要互相打扰了。如果没有再重新开始的可能，不妨只做陌生人吧。因为安雅还爱着他，根本无法把他当普通朋友看待，更害怕悲剧再次上演。

男友的电话一天天多了起来，不断地诉说自己当初提出分手是多么错误和愚昧的选择,再三考虑之下,安雅最终还是没能守住自己的防线,再次接受了他。原以为这次的失而复得能够让男友懂得珍惜再次拥有的感情,好好地爱她。但是一切并不是她所想象的情形。虽然安雅仍然深爱着他,但是曾经的伤害让她得不到丝毫的安全感,这次复合的情感再次出现了裂痕,种种问题已经到了不可修复的地步,没有坚持多久,男友又一次向她提出了分手。

失恋的滋味或许只有失过恋的人才能体会其中的苦熬心痛。曾经的美好会在一瞬间化为乌有,所有的承诺会变成永远无法实现的憧憬。但是,一旦挺过去,仍然可以看到艳阳高照的天空。安雅对于过去的情感无法忘怀,那种不得释怀的爱,让她再次受到了伤害。适度的怀旧是好的,但是过分的恋旧甚至期盼着重归旧好,就很难避免再次走进痛苦的阴影。

爱是一个亘古不变的主题,但是不能因此就断定抛弃自己的那个男人就是这辈子最好的,时刻沉湎于过去的伤痛中。聪明的女人,不会因为一次的伤害而否定世上所有美好的情感。你应该将过去放开,从阴影中走出,努力让自己过得更好。不能总是对过去的事情耿耿于怀不能忘记。

你曾经深爱过,或者深爱过你的人,那段恋情是刻骨铭心的,因为过去的悲伤而影响了自己前进的脚步,是人之常情,然而如果一直不能从中走出来,不敢或不愿意面对现实,是很不成熟的表现。当你为错过月亮而哭泣不止的时候,你也很可能会错过繁星。

对于错失的事物,不要责怪和埋怨任何人,过去的就让它过去,不给伤害自己第二次机会。毕竟破镜无法重圆,覆水不可收。沉湎过去,过分的怀恋,是自己对自己的伤害,是自己将自己重获幸福的权利生生剥夺。

要明白,在爱情里失去的东西是再也不能找回的,爱情是不允许犯错的。经历过崩溃的爱很难会有真正的重生。在感情生活中,即使以前的恋情多么令人怀念,也不能轻易回到原先的恋人身边。女人可以允许自己有怀旧的心理,但绝不可恋旧。

幸福的女人不抱怨

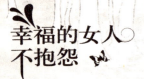
坏女人永远没有好女人
那么快乐

关于"女人"是一个永远都谈论不完的话题。如果将女人以"好""坏"之分,只是相对而言的。世界上不存在一个绝对的好人或者坏人,女人的好与坏也不例外。如果你选择做好女人还是坏女人,可以说一定程度上就是选择了一种生活方式,也决定了你快乐与否。

究竟何为坏,何为好,可以从以下几个方面简而言之。为何断定坏女人没有好女人快乐,那么看了下面的分析之后,就可知一二。

1.坏女人一般是庸俗无知、心肠狠毒、又爱搬弄是非、贪慕虚荣之人

一个女人可以没有高深的学历,没有过人的智慧,但是如果一味浅薄无知,只会招来别人的烦感。这种人往往是成事不足,败事有余,只能会让身边的男人倒胃口。

俗话说,最毒不过妇人心。可想而知,一个心如蛇蝎的女人,只能给身边的人带来不幸和灾难。周围的人对心肠狠毒的女人避之唯恐不及。

有的人喜欢搬弄是非,计较得失。这样的女人永远不会用宽容的心对待别人。当然她们也注定不会得到真诚的祝福。

一个过于贪恋虚荣、不知满足的女人不会得到真正的快乐。在这个物欲横流的社会,对物质的追求本无可厚非,但是如果"一往无前"不知道满足,过分的虚荣只会让自己失掉最宝贵的东西。人常说,知足常乐,这样的女人永不知足,欲壑难填。

不管是不是应该得到的东西,只要想要,她都会不惜一切去争取,不达目的,绝不善罢甘休。这样的女人满脑子都是功利、物质、奢侈等,哪还有工夫去感受那份灵魂正在呼唤的快乐呢？

2.而好女人则不同，甚至是恰恰相反，她们肯定有着令人敬佩和羡慕的品质

好女人处事稳重、有品味，心态平和、不贪婪，待人真挚豁达，贤淑、善解人意，知性而智慧。

好女人懂得用知识充实自己，对精神追求永远放在第一位，她们不一定是学富五车，但是一定是有思想、有品味的人，远离了庸俗、浅薄，注重内心的交流和感受。

她拥有一颗平和的心，能够用包容的眼光看待和接受周遭的事情。那颗柔软的心充满了恬淡和快乐。因为她不唯利是图，能坚强应对生活中出现的各种挑战和诱惑，她不会轻易见利忘义、见财忘情，更不会对身陷困境的爱人推之千里、"落井下石"。你成功的时候会为你骄傲，你失败落魄的时候，会在你身边真诚地支持你、鼓励你。

好女人用真挚、豁达参悟人生，完善自己。她能把真情、豁达和快乐传递给你。她不苛刻、明事理、晓人情、不挑三拣四。善解人意的她总能给你如沐春风的舒心，在这样的好女人面前，你似乎放松的、快乐的，完全不需要刻意的伪装。她的温柔贤惠永远像一泓清泉，能融化你、洗涤你。

好女人也曾有过少女时代的单纯、幼稚、困惑和迷茫。她们也笑过，哭过，痛苦过，彷徨过。然而正是因为有了这般经历，她才褪掉了肤浅、矫情，有了更多的内涵、知性和智慧。这样的女人见多识广、视野比较开阔，说不上样样精通，但的确可以用海纳百川来形容。她偏爱并忠实于自己内心的真实感受，不会在灯红酒绿、纸醉金迷中轻易的迷失自己。在芸芸众生中，她懂得自己该如何去寻找、挑选、鉴别、能够和自己珠联璧合的知己，她还懂得如何去伪存真、慧眼识金。

坏女人和好女人仅仅是一字之差，却有着天壤之别。坏女人经常会用物质的成功来衡量人生的价值，而好女人更懂得如何追求精神的放松和愉悦。好女人远远比坏女人活得更为有滋有味。做个快乐的好女人可以让你得到一辈子的幸福和满足。

3.做一个快乐的好女人

好女人，应该像花一样美丽，这个世界再绚烂不能没有她的装饰和点缀，无论何时，她都不会缺席这个生活的大舞台。

要自己的工作,有稳定的收入,只有经济上的独立才能保证人格的完整。不要听信男人的话,说什么"你在家享福,我来养活你",当老公把钱交到你手上时,你会觉得他像在施舍一个乞丐一样,一点尊严都没有。

要有自己的爱好,多看书、多听音乐、多运动。即便不是追求"腹有诗书气自华",也能自娱自乐。

好好生活,好好爱。爱家庭、爱老公、爱孩子、爱自己、爱一切值得爱的人,但不要拘泥于家庭,要走出去,要参与社会,哪怕是个公益活动,或是义工,当然,必须是你喜欢做的事情。

有一颗宽容的心,不要太计较生活中的得失成败。物质的成功只能体现自我价值的一个方面,而精神的放松和愉悦,才是女人活得有滋有味的源泉。

不抱怨厄运,
弥补人生木桶的"短板"

在现代管理学中,有"木桶理论"这样一个概念。意思就是,一个木桶容水量,不取决于木桶那块最长的木板,而取决于最短的那块木板。要使木桶能装更多的水,就要设法改变这块木板的现状。

而对于个人的发展,木桶理论也能给我们诸多深刻的启示,弥补短板,填补缺陷,就可以尽可能地装更多的水。

每个人都有自身的薄弱环节,优势可以令人轻而易举获得成功,而劣势往往可以让我们在不经意中输得很惨。但是总是有一些人,哪怕是天生有缺陷,然而从不畏惧生活的各种挑战,他们用毅力弥补着人生的短板,成就灿烂的人生。

在日本有这样一位姑娘,她出生的时候就失去了双臂,可是从她来到人世间的第一天,就从没有抱怨过上苍的不公,没有自甘堕落和颓废,而是振作精神,勇敢地迎接生活中的各种严峻的挑战。与正常人相比,双臂的缺失是一个多么可怕的事实。连日常的基本生活都无法自理,种种不便将会接踵而至。然而这位姑娘,却坚强地把希望寄托在了自己的双脚上。经过千百次的刻苦锻炼,原本一双不听使唤的脚,在每月每天的长期不懈的练习中,终于可以独立处理日常的一些事务。后来,她的脚甚至达到了双手的灵活程度,可以像一个正常人那样从事各种职业。这位女孩不愧是生活的强者。厄运袭来,没有抱怨,而是用永不放弃的精神弥补了人生的缺憾。

人的一生,难免会遇上一段困苦不堪的厄运,下岗、失业、疾病、婚变等等以及各样的天灾人祸。但是任何时候都不能忘记努力。面对厄运,有的人泰然处之,千方百计寻找解决之道,发扬自力更生艰苦奋斗的精神,发挥特长,弥补不足,最终摆脱困境,走向成功。有的人在厄运面前,一筹莫展,愁眉苦脸,甚至萎靡不振,埋怨不已。要知道,厄运无法避免,但是生活可以更加丰富多彩。

我们可以有缺陷、可以有失败,但是不能因此就失去奋进的力量,淹没生的希望。人生在世,没有必要事事争先,但是对于那些能够影响自己成败的决定因素或者薄弱环节,一定要尽力弥补,否则终将会在关键时刻给我们致命的一击。

在厄运面前不放弃希望的女人是勇敢的、可敬而美丽的。或许她天生就没有漂亮的脸蛋,然而上天还总是开一些捉弄人的玩笑,还要将更多不幸降临在这张脸上。带着满脸伤痕,女人没有绝望。在困顿的折磨下没有倒下,坚定地走出一条属于自己的道路。

不管是人生的缺陷,还是性格不足,都要尽力去弥补。努力走好该走的路,不像别人那样因贪慕虚荣或者自卑压抑而把自己推向深渊。或许正是因为残缺,未来才会有无限的圆满。一个向前滚动的圆环无意中失去了一个部件,它旋转着去寻找这个丢失的部分。因为"身体"残缺,它不能像以往那样快速前进。但是它因此有机会慢慢欣赏沿途的鲜花,与阳光对话,和小草聊天……而这一切是在它完整无缺的时候无法注意和享受到的。残缺的圆环用沿途的风景填补了自己缺失的遗憾。

生活的道路,从来都不是好走的。"天有不测风云,人有旦夕祸福"。当我们遭受厄运时,正常的一切或许都会被打乱,我们的精神会受到极度地摧残。然而面对厄运,懦弱的女人,总是要找出各样的借口来逃避困难,坚强的女人则会迎难而上,在与厄运较量的过程中不断提升自己。

无论遇到什么困境,请不要说"我找不到奋进的力量,我没了生的希望",因为这是对自己的不尊重,对生命的不负责。我们应该让那些快乐的情绪染过自己的脸,让那些哀婉的感觉漫过自己的心。

人生会有许多支撑,少年的理想,青春的恋情,事业和友谊,亲情和爱情,许许多多,然而这一切都有失去的可能,人生总有几段黑暗的隧道要我们独自穿行,这路上没有乐队和鲜花,一切都要依靠自己,走过一个个雨夜,在第二天的晴空下拥抱崭新的自己。

怀抱希望,乐观面对生活

生活中有阳光充足的正午,也有灰暗无比的时刻。有时候,你赶上顺的时候,好像做什么都很顺风顺水,真可谓是好运连连,"人逢喜事精神爽",整个人精神头也起来了,但是一碰到不顺心的事情,就又愁眉不展,甚至一蹶不振。

其实,"好"和"坏"是可以相互转化的,面对不开心和不顺利,从另一个角度看待,真心地感激生活所赐给你的一切,不要总被抱怨占满了你的内心,就会有意想不到的收获。

有一家纺织厂,经济效效益不好,工厂决定让一批工人下岗。在这批下岗的工人里有两位女工,她们都是四十岁左右,一位是大学毕业生、工厂的工程师,另一位是一个普通的女工。

女工程师下岗后,她的心里总觉得不平衡,认为下岗是一件丢人的事,自己是一个很失败的人。她由最初的愤怒转化成抱怨，最后变得自卑。她整天在家里闷闷不乐，不愿意出门见人，更没有想过要重新开始自己的人生。孤独而忧郁的心态摧毁了她的一切，她的身体开始出现问题，她的精神也开始恍惚。她抑郁成疾，总是把自己的注意力放在下岗这件事上。一直无法解脱，最终她就带着忧郁的心态和不低的智商孤独地离开了人世。

普通女工的心态却大不一样，她想别人既然没有工作能生活下去，自己也肯定能生活下去。她没有抱怨和焦虑，她平心静气地接受了现实。因为自己平日里比较喜欢看书，想开一家小型的读书室，于是筹借资金，读书室便开了起来，由于普通女工经营了卖书、阅读、租借的全部业务，使得她的生意很红火，她不仅挣到了比以前上班还要多的钱，而且，她还觉得自己过得很快乐。

其实下岗并不是什么大不了的事，只要你看开了，那只是一个阶段的结束，如果工程师能够看的开一些，没有总是抱怨、总是消极，从新开始，那她的结局将会比普通女工更好。可是她的消极心态，最后让她抑郁而终。普通女工，只是把下岗当作一个结束，有结束就会有开始，新的开始，会比过去更加美好。

面临同样的失业下岗，工程师消极不满，而普通的女工却能从中看到有利的一面，保持着积极乐观的心态面对每天的生活，那么生活反馈给她的不会永远是失望。

其实，生活中，每个人都会遇到挫折，有时甚至有些挫折一时难以克服。面对挫折有的人便会不战而败，捶胸顿足，怨天尤人。这样的人永远也无法走出困境。真正的成大事者，则会满怀希望，即便是面临重重困境，也能找出生活中的闪烁着的希望之光。

一个外国女人的头部被抢劫犯击中了五枪，然而她竟然奇迹般地活了下来。医生把她的康复归功于求生的希望。连她自己都说："希望和积极的求生意念是我活下去的两大支柱。"的确，被打中了五枪是多么不幸的事情，然而在这样的不幸面前，她却感激自己还有知觉，还有希望，并坚信自己还能好过来，正是如此强烈的念头，才让她足以撑到医生赶到的那一刻，为自己赢取了获救的时间，生命才最终得以重现光明。

希望，使人增强了对挫折的心理承受能力。经历过挫折打击而能心平气和地忍下来的人都有一种切身体验：人之所以能够忍耐，是因为自己对未来充满了希望。如果一个人绝望了，对未来不抱任何希望，他就不会忍耐，而会破罐子破摔，自暴自弃，不去做任何努力，对一点点挫折都失去了承受能力。从这个意义上说，希望是奔向前途的航标和指路明灯。人若没有了希望就会迷失方向，生活就会失去意义。

利弊都会并存，正如那个可爱的"哭婆婆"，无论晴天雨天，她总是哭个不停。她有两个女儿，大女儿是卖雨伞的，小女儿是卖布鞋的。晴天时担心大女儿的雨伞卖不出去。下雨天，老婆婆想起小女儿，一定没有客人光顾。于是一年四季，晴天雨天，老婆婆都是泪眼汪汪，好不凄凉。

有人对她说："您应该往好的方面想啊，下雨天的时候就想想大女儿，大女儿的雨伞可以卖的好了。天晴的时候小女儿的布鞋就好卖了，这样不论是晴天还是雨天你的女儿都有得赚，不是吗？"

哭婆婆想想确实是这样，于是不再哭了，无论是什么天气总有女儿的生意是好做的，于是她开始笑口常开。

任何事情都有两面，抱着积极的心态去看，你收获的可能就是开心，抱着消极的态度，你看到的或许永远只是悲伤的一面。心里装满了阳光，就不会惧怕寒冷的冬天。

用感恩的眼睛看世界，世界就是美好的，如果今天早上你起床时身体健康，没有疾病，那么你比其他几百万人更幸运，他们甚至看不到下周的太阳了。如果你从未尝试过战争的危险，牢狱的孤独，酷刑的折磨和饥饿的滋味，那么你的处境比其他 5 亿人更好。如果你的冰箱里有食物，身上有衣服可穿，有房可住及有床可睡，那么你比世上 75% 的人更富有。如果你在银行里有存款，钱包里有零钱，那么你属于世上 8% 最幸运之人。

我们还有什么好抱怨的呢，我们会羡慕那些富人的生活，可是你有没有想过，你平凡的生活会更幸福。有一个幸福的家庭，有体贴的丈夫温柔的妻子，可爱的孩子，吃的饱，穿的暖，生活得简单，平淡，又何尝不是一种幸福呢？保持好心情，笑口常开，那么幸福将会常伴你的左右。

第 14 章

不抱怨幸福遥不可及，

静下心来感受幸福的实质

身在福中不知福，这是很多女人的通病。只要用心观察和体会，幸福就不会是飘忽不定的云朵，令人可望不可及。拥有一颗幸福的心，是一个女人幸福的前提，否则，纵有千万资产，纵然事事完美，也嗅不到幸福的味道。知福、惜福，才是女人幸福的实质。

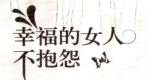
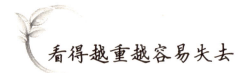
看得越重越容易失去

当我们太想得到一样东西的时候,最终结果往往是得不到,急切地希望达到某种目的,结果也很可能恰恰相反,急于求成是对耐心的挑战,它有时候会严重妨碍着我们走向成功。要明白很多东西不是强求得来的。而即便是已经拥有的东西,看得过重,哪怕是幸福也只会成为短暂的过往,过分的关注和看重,就越容易失去。

感情这东西,又何尝不是如此呢?有人说爱情就像抓沙子。不知道你有没有听过这样一个故事。

故事讲的是一个女孩,很爱很爱自己的丈夫,当然她也害怕失去他。每天对丈夫管得很严,看得很紧。如果哪天丈夫晚上下班回家晚了一会,就要不停地追问对方都去了哪里,都做了些什么,为什么没有平时回来的早。更别说是丈夫在外面有应酬之类的了,但凡遇到这种情况,她就不停地打丈夫手机,问对方在什么地方,和谁在一起等等。有好多次当着同事朋友的面,弄得丈夫都相当难堪。终于有一天,男的忍无可忍了,他开始逃避回家。女人很害怕,不知道该怎样改变这种状况,心痛无奈之下求助于自己的母亲,这位母亲蹒跚着把女儿带到屋后花园里的一堆沙子前,让女儿去抓一把,女孩不解地照着做了,然后母亲又让她抓得再紧一些,女孩眼睁睁地看到一大把沙子就这样从自己的指缝间流了出来,直到一干二净。刹那间,女孩明白了母亲的用心良苦,再想想自己结婚以来的这些表现,她深刻体会到,爱情有时就像是在抓沙子,抓得越紧,管得越牢,看得越重,越害怕失去很可能就越容易失去。

女孩释然地回到家中,看到从来不抽烟的丈夫正一个人在沙发上愁闷烟。她也知道丈夫深爱着自己,原本相爱的两个人都是因为自己的幼稚和无知才造成今天这种样子。她放下往日的怀疑和追问向丈夫真诚地道歉,结果可想而知,两人和好如初。

两个人相处就像抓沙子,如果双手用力一抓,抓得越紧,越多的沙子会从指缝中流走,如果是轻轻地一捧,会有更多的沙子留在手中。很多时候,我们往往太执著于自己喜欢的东西或人,占有欲越强,抓得越紧,往往会适得其反,没有达到希望的结果反倒弄巧成拙。

有时候,信任和放任也是一种爱。太过于看重,就总想着把对方的一言一行都掌控在自己的把握之中,这只能会让对方感到束缚,觉得压抑。甚至会限制到对方的自由,变成对方的枷锁。

当你端着满满的一碗水,一边小心翼翼地向前走着,一边在心里想着千万不要溢出来,眼睛不由自主地死盯着手中的这碗水,那么很可能它洒出的会更多。爱也如此,看得越重,越害怕失去,就越容易失去。

恋爱和婚姻就像放风筝,给对方自由其实就为了避免看得过重而造成伤害。不管天空中的那只风筝飞得多高多远,但线在你的手中,又怕什么呢?爱不是完全的占有,彼此都有一片自由的天空,那种飞翔的姿态将比天使更接近天堂。

人们常说,婚姻如同一座围城,外面的人想冲进来,里面的人想冲出去,在这冲进冲出中,演绎着多少的悲欢离合,看看发生在我们周围和我们自己身上的事情,掂量一下其中的酸甜苦辣,也好为我们自身以后的生活有个暗示和激励。在追求幸福婚姻情爱生活的路途中,你扮演的究竟是自由还是束缚的角色?你究竟又能给对方留下多少的自由空间呢?我们身边不乏这样的女人,明里暗里翻看对方的聊天记录,手机短信,甚至处处跟踪,加紧管制,当初的甜蜜感情已经不可遏制地演变成一场斗智斗勇的"间谍"与"反间谍"的伟大行动。试想,这样的恋爱或者婚姻生活又将可以维持多久呢?当感情的维系已经失去了生存的土壤,注定不会结出丰硕的果实。

还有人说过,对男人需要放养,其实也有不可看得过重的意思,给对方自由也是对女人自身的一种解放。

万事万物都有相通之理,看得过重其实是一种心态,这种心态用来对待感情对

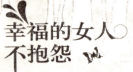
待爱,会让你更易失去对方,假若用到平时做事上,也是一样的道理。

我们中的很多人想必都有过这样的经历,当我们越是专注于某一件事情的时候,就越容易出差错,越难将它做好。而那些很多我们认为不可能的事情,当抱着一种无所谓的态度但是尽力去做的时候,却意想不到的做到了。

还记得那位名震四方的美国钢索表演艺术家瓦伦达吗?在历次的表演中都没有出过任何事故的他却丧身于一场难度并不大的表演上。

那是一次很重要的表演,观众都是声名显赫的重要人物,演技团决定让瓦伦达出场。瓦伦达深知这次表演的重要性。如果这次成功了,就能在给演技团带来前所未有的支持和利益的同时也能奠定自己日后在演艺界的地位。于是,他在表演前一天还在仔细琢磨每一个动作,每一处细节。

演出正式开始了,为了让表演更加完美,凭着自己以往的经验和实力,这次他没有带保险绳,原以为会如预料中一样顺理成章,但是就在他走到钢索中间,做了两个难度一般的动作之后,意外地从高空中坠落下来,喜剧一瞬间变成了悲剧,瓦伦达不幸失足身亡。

瓦伦达正是因为太想成功,太看重这次表演的重要性,患得患失,才会走向失败,失去了宝贵的生命。他对这次表演重要性的看法已经到了超乎寻常的地步,如果他能和往常一样放松自己,或许这样的结局完全可以避免。

在对人对事的时候,不要过分看重自己的得失,不被患得患失的阴影所笼罩,心灵就能多一份安宁。对爱人,对自己,对情感,对事业,对生活,保持一颗平常心,凡事尽力而为,但不要看得太重,我们的人生将会得到更多!

"没女"可以比美女更幸福

美女,走到哪儿往往都能成为一道亮丽的风景线,吸引更多的眼球和注意力。容貌出众或者身材姣好的女人往往比常人更能赢得他人的关心和照顾。以至于做起事来游刃有余。可是"没女"就不一样了,所谓"没女"指的就是那种没相貌、没身材、没学历、没家世、没背景的女孩子,但是她们有一颗智慧善良的心,懂得美好的生活离不开艰苦奋斗,美满的爱情和婚姻离不开用心踏实地去经营。

或许同样一件事情,美女轻而易举地就可以完成,而"没女"总是要付出更多汗水甚至泪水,方能做到。样样俱全的美女实在很少,而我们中的大多数或许正是"没女"中的一个。但是很多时候,"没女"却比美女更幸福。并且这种幸福和快乐要比美女所拥有的更坚定和长远。

出生于 70 年代的韩红,6 岁的时候,爸爸的永远离去打破了这个原本还算幸福的家庭。生活的整个重担就压到了妈妈一个人身上。在韩红的记忆中,她的童年是痛苦的、黯淡的。但是她对音乐的热爱成了她生活的一抹亮色。哪怕曾经在合唱团的时候因为"一口闭"而被辞退,幼小的心灵虽受尽打击但没能磨灭她坚定唱下去的决心。

韩红自己也曾说:"我一个不被音乐圈人看好的歌手,因为胖而且还不够靓。"可想而知,她的歌唱道路并不顺利,但她从没有想过要放弃。后来因为一次歌唱比赛被招到了部队文工团,没成想却成了一名通信兵。怀揣着歌唱的梦,韩红报考了全军所有文艺团体以及部分地方文艺团体,大家的反映却几乎都是"唱的不错,形象差点",还有的考官甚至建议她去减肥,整整鼻子和眼睛等之类的建议。韩红也曾试着减肥,然而由于身体无法消受而放弃,总不能因为瘦下去而不顾身体健康吧。

一个偶然的机会,韩红参加了中央电视台《半边天》节目,在其中一期《不要为你的相貌发愁》中应邀做了节目嘉宾。她的出场在观众中引起了巨大反响。紧接着她的机会也来了。

就这样,经过不懈的努力和付出,韩红的声音已经成了一个独特的符号,无论是华丽高亢,还是婉转低诉,她的每一次出现,都带给听众无尽的听觉享受和无限的惊喜,是当之无愧的中国流行音乐界领军人物。

一曲《听我的声音》可以说是中国新一代流行乐天后大隐于市的铿锵呐喊,融合了流行与摇滚的多种元素,混合着激荡和思索,感悟和梦想呈现给每一位在奔忙在城市的角落中,并不断追逐理想的人。韩红的声音,犹如从我们每一个人内心深处发出的一样。她那混合着雪域光芒和城市激情的声音,震撼着每一个听到的人。

她在舞台上展现的自信、激情,几乎倾倒过每一位亲眼目睹她现场表演的人。如果说韩红在歌唱上的实力多少得益于她与生俱来的天资,但是后天的勤奋和不屈则让她不断走向成功。今天的中国歌坛,女性歌手兼词曲作者可谓寥若晨星,韩红正是闪耀着异域光芒的一颗初升之星。

如今的韩红,也如她的名字一样红遍了每个角落,她的声音早已经是家喻户晓,深入人心。当她在台上尽情挥洒热情动情的演唱的时候,是美的,这种美撼人心魂,她内心也一定是幸福的,因为她带给听众的是一场听觉的盛宴。当她在为灾区的救援奔走呼喊的时候,是美的,她也必定是幸福的,因为看到更多的人能够因为自己的努力和付出感受到哪怕是一丝的温暖和帮助。

生而为女,并能拥有一副令人艳羡的美貌,是上天的眷顾和恩赐,但是有很多人远远没有这般幸运。不必抱怨社会或者现实的不公,当美女们在为自身的优势沾沾自喜的时候,"没女"们正在万水千山中跋涉,一步一步接近自己的梦想。

美女对人对事万般挑剔,"没女"却能坦然接受所面临的一切,并凭着自己的踏实和勤奋让生活变得更加美好。

当美女们为了求得更加的完美,在各种利益物质面前左右摇摆的时候,"没女"却能坚守一份简单、平凡然而幸福的生活。她们最大的优点就是懂得知足,却从不放弃梦想。

"没女"有着自知之明的智慧,时刻保持一颗平淡谦卑的心,踏实奋斗的姿态。勇于为美好的事物和情感担当和承受。

无法拥有美貌,但没人可以阻止你如花的笑靥,没有显赫的家世和背景,却没有人能够阻挡你拼搏向前的勇气。凭着内心的坚定和执著,"没女"往往能收获更多的幸福。

告诉自己要做个"有趣的女人"

有的人天生一副姣好的容颜,也有一份令人羡慕的工作,然而和她在一起的时候,总觉得气氛沉闷,或者气场不合。可是和有趣的女人在一起,总能让人开心舒畅,一点都不会感觉到疲累和沉闷,总是有着说不完的话题。生动有趣的女人,由内而外散发的美比漂亮的脸蛋更能吸引人。她们是一道靓丽的风景线,无论走到哪里都可以带给周围的人欢声笑语,令我们绷紧的神经得到放松。

告诉自己做一个有趣的女人,而不管现在的你年龄几何。有人说,女人因可爱而美丽,那么一个有趣的女人一定是可爱的,也必定是美丽的,让人难以忘怀的。

众多学者都认为唐朝是一个以胖为美的时代,每次说到这个话题,杨贵妃是一个不可不说的例子,她的丰腴衬托得她风姿绰约,但是这个胖贵妃如此深得唐明皇的厚爱,不仅仅是这些表面的美丽,重要的是她还是一个很会说话,很能耍宝且风趣的女人,这样有趣的女人落得"后宫佳丽三千人,三千宠爱在一身"自然是情理之中了。

有趣与否,没有绝对的概念和界限,谁都可以成为一个有趣的女人,只要你想成为一个什么样的女人,就一定会成为你想成为的样子。

有一个叫 Truda 的美国女孩,由于对中国文化的极大兴趣只身一人来到了中国。在她的脑海中,中国是一个有着悠久历史的国家,并且在飞速地向前发展,Truda 对中国充满了好奇，很想亲自来看看，感受一番。虽然后来她在中国只待了三年的时间，但是在这三年中，她做了很多事情，她找了一个很有名的美术老师教她画中国画，还向一个老师学习了太极拳，用不了太长的时间，她的画就有模有样了，太极拳也练得得心应手。她还跟中国的朋友学会了几道中国的家常菜……这么一个对生活孜孜以求的女人，那么阳光、朝气蓬勃，永远不知道烦恼和疲惫是什么滋味。她留给身边朋友的印象永远都是那么有趣，那么讨人喜欢。

有趣的女人是优雅的美丽的，极具吸引力的。如何做一个有趣的女人呢？

1.对待爱情，宁缺毋滥

有趣的女人，绝对不会为了排遣寂寞或者失恋带来的痛苦，而从身旁随便抓来一个男人。因为她们知道，这样做不但不利于伤口的恢复，对别人也是种伤害，她们对己对人都抱着一种负责任的态度。如果只是为了一时的解恨和报复，是不会得到真正的幸福的。

2.对待工作，尽心尽力

有趣的女人，从不把工作当儿戏，或者只是养家糊口的手段。她们明白，如今的社会，工作是生存的基础，但是努力可以让自己活得更好。不但尽心完成该做的事情，还会尽力从工作中找到实现自身价值的所在。

3.懂得宽容

有趣的女人一定不是斤斤计较之人。她们深谙宽容之道，得饶人处且饶人。怀有一颗宽容之心，让她们能够体谅到别人的难处。

4.巧妙得体的着装

有趣的女人不是那种一味地不修边幅，没有原则的大大咧咧的人。她们的衣服或许不多，也不名贵，但是她们总是能以得体的衣服出现在相应的场合，并且会化一副精致淡雅的妆容。

5.做得一手好菜

有趣的女人，也时常能端出几道自己的私房菜或者熬得一锅好粥。虽然也曾听过"要抓住男人的心，就要先抓住男人的胃"之类的"至理名言"，但是她们走进厨房，绝不是仅仅为了另一半。她们在心情大好或者沉郁的时候，将自己的思绪和烦恼溶解在厨房的汤汤盆盆中,或者再邀上三五好友,在自家客厅足够开得起一个小型 Party。

6.有自己的生活目标

有趣的女人,一定不是那种人云亦云的人。她们对待问题有自己的思想,对待生活有自己的目标,并且懂得将目标分解,在不断实现小目标的过程中,享受成功带来的一点一滴的幸福。

7.不贪慕虚荣,记得为自己充电

有趣的女人,绝不向往笼中的金丝雀。她懂得美好的生活需要自己的双手去努力创造,依靠别人给予的富足永远不会太持久。不断补充新的知识,做一个学习型的女性会让自己变得更为有趣。

每个人都在不断进步和成长,告诉自己做一个有趣的女人。把有趣作为自己的生活目标之一吧,你将得到你想要的生活。

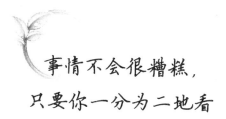

事情不会很糟糕,只要你一分为二地看

当困难袭来,我们会被莫名的压力压得喘不过气来。总觉得头顶的天要塌下来了,似乎有一座甚至很多座永远无法翻越的大山横亘在我们的面前,但是,恐惧、躲避、自暴自弃,抱怨等任何负面的情绪都无益于问题的解决。

其实,勇敢地面对,事情远没有你想象中那样糟糕,唯物主义的方法论告诉我们,任何事物的产生有其不利的一面,也会有有利的一面,任何事情都是两面性的,看问题,做事情,要用一分为二的眼光,不能只见其一,不见其二,只看其表,不知其里。不能只被暂时的、表面的现象所迷惑。

塞翁失马的故事，很多人都不陌生。

说的是在很早以前，边塞地区住着一位老人，人们称他为塞翁。有一天，他的马无缘无故地失踪了，人们知道后都过来安慰他，但是他却一点也不着急，反而笑笑说："马是丢了，但是谁能说这就一定是一件不好的事呢？"

几个月过去了，那匹丢失的马竟然回来了，还带回来一匹好马。人们听到了这样的事情都觉得很震惊和惊喜，于是又过来纷纷向老人表示祝贺。可是这位老人却并没有显出特别的高兴，只听他对大家说："谁又能保证这一定是件好事呢！"

老人有一个独生儿子，喜欢骑马，但是由于这匹马对它的新主人还不太熟悉，就很不听话，到处乱窜，结果把他的儿子从马背上摔了下来，腿也摔瘸了。人们听说之后，又过来安慰老人，老人仍然像最初一样毫不着急，却说："这说不定还是一件好事呢！"

过了不久，这里发生了战争，很多年轻人都被征调入伍，支援前线，可是上了前线的几乎全都死了，只有这个老人的儿子因为腿瘸的缘故免于征战，被留在了家里，才侥幸活了下来，父子俩因此得以保全。

事情一分为二地看，才会更全面，才不会被眼前的困难所吓倒。人世间的好事与坏事都不是绝对的，在一定的条件下，坏事可以引出好的结果，好事也可能会引出坏的结果，坏事也可以向好的方向转化。

很多时候，只要少一些抱怨，多一些一分为二的智慧，就能把坏事变成好事。

珍妮是一家公司的推销员，凭着自己的口才和勤恳负责的态度赢得了很多客户，在每年年终总结大会上，她的业绩总是遥遥领先，一度成为公司的精干人物。然而，这段时间以来，公司内却不断接到对珍妮的投诉电话。对于一个销售来讲，投诉对自己造成的不利影响可不是一句话所能讲明白的。这种情况下更需要积极地去面对，而不能将顾客的投诉看作是洪水猛兽。珍妮深知这一点，于是反思这段时间以来出现的问题以及其产生的原因。经过反复的思考和回忆，她弄明白了事情的始末之后，积极调整好状态，主动向顾客道歉，并说清楚原因，虚心接受顾客的投诉和建议。顾客的不满正是企业产品质量提升的助推器，更是个人改进的有力推手。

正是有了一分为二看问题的思想，对于顾客的投诉和不满，她才没有任何抱怨，而是反思自身所做的一切，将事情从糟糕的一面拉向了美好的一方。

做到一分为二地看问题，就能避免一竿子打倒一船人的愚昧，也能从失败的经历中汲取教训，避免因为一点而否定了全部。

当考场失利，不能一蹶不振，一场考试并不能决定你的终生，也不能说明你的全部，它只能代表你的过去，说明你过去做得不够，还有很多需要学习的地方。但也不能因此就否定自己所做出的努力。要学会从中看到需要加强需要学习的地方，这样就可以在下次的考试中脱颖而出。人生本身就是一个大考场，我们每天的生活就像在做试卷，人生的答卷最终的得分并不在于一时一事的成功或失败，而是一个不断进取不断向上的过程。

任何事情都是一分为二的，没有绝对的好事，也没有绝对的坏事，而我们遇到事情要学会多看积极的一面，这样我们的内心就能多一些愉快的阳光，多看积极的一面，我们会收获更多的东西。不好的事情无法避免，但一个人最佳的生活状态就是善于把消极的一面向积极的一面转化，这将会让我们生活得更加舒心和快乐。

不是所有的故事都有美丽的结局

童话故事中，公主和王子在历尽艰辛和阻挠之后总能幸福地生活在一起，很多的影视作品到了最后总是可以看到一个令人欣慰和满意的大结局。因为在人们的心底深处也始终怀抱着一种相似的渴望。希望正义战胜邪恶，希望有情人终成眷属，希望好人会得到好报。然而在实际生活中，并不是所有的故事都有美丽的结局。

2000年3月，杨澜和丈夫吴征收购香港上市公司良记集团，并更名为阳光文化网络电视有限公司，杨澜任主席。自此，杨澜跨入商界。那个时候，资本市场上的传媒概念股风头正劲。收购之初,公司股份暴涨 20 倍之多。同年 8 月 8 日,满载杨澜人文理想的阳光卫视正式开播,这是当时大中华区第一家华语历史人文主题频道。阳光卫视的创建使得杨澜有一种纵身一跃的快感,以为事情会顺利进行下去。然而由于阳光文化的定位处在社会大气候硬件设备不足的情况下,而被迫陷入了一种临近停滞的状态。

但杨澜未能料到,阳光卫视竟成为了她事业上最大的挫折。短短 3 年间,阳光卫视累计亏损超过两亿港元。2003 年 6 月,杨澜宣布将阳光卫视 70% 的股权卖给内地一家传媒集团。自此,杨澜退出了卫星电视的经营,又重新回到了她所熟悉擅长的文化传播和社会公益事业。

谁不希望前进的道路畅通无阻,谁不希望做事情的时候可以画上一个圆满的句号,然而正如杨澜自己所说:"战士和商人不同,战士坚守阵地,直到流尽最后一滴血,而商人就像置身于一个舞厅,随时要想到出口在哪里。而我在商场就像战士一样坚持着。"

我们大家都知道,尽管阳光卫视在商业的大潮中被迫出局,而杨澜在文化传播领域的成绩和自身魅力是不会被磨灭的。

我们在想问题、做事情的时候总是希望一切能尽善尽美,总希望能顺利达到更高的地方,更远的前方,然而生活的变幻莫测和无法确定,决定了人生是必定要和遗憾结伴而行。

为了某件事情,准备了很久,原以为会顺理成章地完成,却眼睁睁地看着机会从自己身边溜走,自己却无能为力,这不能不说是种遗憾。真心相爱的两个人,正规划着美好的未来,然后意外却将他们永远地分开了,再也等不到"执子之手,白头偕老"的那一天,这又何尝不是一种让人痛惜的遗憾?

不是每个故事都有美丽的结局。我们渴望圆满,也应该容忍缺憾,懂得了这一点,就可以在充满坎坷的道路上劈荆斩棘,不会畏惧突然袭来的风霜雨雪。有时候,缺憾是对我们人生的一种磨砺和积淀。缺憾也是一种美,它美在悲壮,美在令人心痛的破碎!

那些未能实现的诺言,没来得及说出口的再见,还有那些遗落在风中的诗篇,和散落一地的忧伤，那些在寒夜中无尽的期许，以及与我们擦肩而过的尘缘，都可能会令我们追悔莫及，然而正是因为人生中有这些不完美，才组成了生命的华章，才有了我们对完美的不断追求。回头望去，那些残缺的片段连成了一串串熠熠生辉、美丽无比的珠子，在过往的岁月中闪闪发光。

因为害怕失去，我们才会更加珍惜得来不易的幸福。人生不可能永远一帆风顺，遭遇坎坷和失败，也可以用一颗柔软的心去体会其中难得的幸福，你所演奏的生命的乐章将比别人的更为丰富和优美。

只要还能微笑，事情就不会变得很糟

为了赶车，不小心摔了个跟头，跌得头破血流，或许你会忍不住抱怨："怎么这么倒霉……"不幸赶上了地震，眼睁睁地看着房倒屋塌、亲人离去，自己却无能为力，天地顿时变成混沌一团，分辨不清东西左右……如果垂头丧气可以帮助你远离深渊，那么微笑和快乐还有什么存在的价值？

每个人的一生都充满了大大小小的苦难，深深浅浅的沟坎，跌倒了，爬起来，还有追赶的机会，纵使天昏地暗，也要微笑地告诉自己，没什么大不了的。从头再来，何尝不是一种勇气和执著？

有一个女孩，很小的时候就有一个梦想，做一名出色的滑雪运动员。然而，不幸的是她竟患上了骨癌，为了保住生命，她被迫锯掉了右脚。后来，癌症蔓延，她又先后失去了乳房及子宫。

接二连三的厄运不断地降临到她的头上，却从来没有使她放弃心中的梦想，她一直都微笑并坚定地告诫自己:"我要对自己的生命负责,决不轻言放弃,我要向逆境挑战。"

她没有被病魔打倒,相反,她以顽强的斗志和坚韧的毅力,排除万难,成为滑雪运动员,还为国家创下多项世界纪录,其中包括加拿大奥运女子残障滑雪赛冠军,并在美国国家残障滑雪赛中先后赢得19枚金牌。她就是美国运动史上极具传奇色彩的著名滑雪运动员——戴安娜·高登。

人生路上,有顺境,但更多的是逆境。对某些人来说,逆境是学校,厄运是老师。逆境能激发一个人的斗志,把蕴藏的潜力尽情地释放,把逆境转变成一个人奋发进取的舞台。

苦难对于强者是一块垫脚石,对于弱者则是一个绊脚石。面对再大的苦难,自始至终不放弃追求,不屈服于现实,纵然肉体上饱受各种折磨,但能最大程度上保持心灵的宁静的女人,就不愧为人生的强者。

的确,我们无法改变昨天的事实,但今天的人生态度决定我们明天的人生轨迹。苦难激发人的潜能,把苦难当作一块成功的垫脚石,在黑暗的尽头,我们将看见光明。

苦难中能够保持镇静,是常人很难达到的一种人生境界。直面苦难,不怨天尤人,不牢骚满腹,将苦难看作生命中的一种磨砺,无疑需要很大的勇气。一旦我们超越了苦难,战胜了苦难,我们所获取的必定是面对生活重新微笑的机会。

人的一生难免会遭受很多苦难。无论是与生俱来的残缺,还是遭遇生活的不幸,但只要我们敢于面对生活的苦难,自强不息,就一定会赢得掌声,赢得成功,赢得幸福,苦难也就成了我们人生发展的垫脚石,它可以垫起我们人生的高度。

温室的花朵经不起风吹雨打,而饱受寒风摧残的苍松却可以屹立在严冬里。最宝贵的财富往往在苦难过后才能得到,正如孟子所言:"天将降大任于斯人也,必先苦其心志,劳其筋骨,饿其体肤。"永远生活在安逸环境里的人,从未经历过苦难,很难铸就坚强的意志,也很难在竞争的社会现实中脱颖而出。

罗曼·罗兰曾经说过:"痛苦像一把犁,它一面犁碎了你的心,一面掘开了生命的起点。"要想告别平庸,成为一个有所作为的人,就要有永不绝望的信念,人总在挫折中学习,在苦难中成长,让我们记住这句话:雄鹰的展翅高飞,是离不开最初的跌跌撞撞的。

在漫长的人生旅途中,遭遇苦难并不可怕,受到挫折也无需忧伤,只要心中的信念没有萎缩,我们的人生就不会中断。

苦难并不是我们人生道路上的绊脚石,相反,它却是一份宝贵的财富,要想放弃平庸的人生,必须正确地看待苦难并超越它。把苦难看作人生道路上的垫脚石,才能尽快到达成功的彼岸。

不管遭遇何种厄运,怎么样的困境,抱怨只会增加人生的负累,只要一息尚存,只要信念不倒,很多事情都能转危为安,事情永远都不会像你想象的那么糟糕,乐观积极的奋斗可以化解前进中的种种障碍。

有人说,生命对每个人来讲就是上天赐给我们的最大的最特别的礼物,因此说只要活着就有希望,"即使遭遇了人间最大的不幸,能够解决一切困难的前提是——活着。只有活着,才有希望。无论多么痛苦、多么悲伤,只要能够努力地活下去,一切都会好起来。"

其实,世上没有绝望的处境,只有对处境绝望的人。即使陷入了绝望的泥沼中,也应该握住生命中哪怕一点点值得赞美的亮色,从而鼓励自己要挺住,别倒下。只要有一线希望,就还会有挽救的机会,就会有实现希望和梦想的机会。

要和幸福快乐的女人交朋友

现如今,不少女人抱怨自己的生活不如意不快乐,幸福的指数也在急遽下降,那么除了审视你自身的原因之外,是否注意到你周围的人呢,尤其是你的朋友。还有人说,如果你想成功,那就去和成功的人交往。同样的道理,如果和幸福快乐的女人交朋友,那么你也会变得幸福快乐。

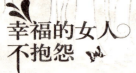

朋友是一笔财富,那么和幸福快乐的女人成为朋有这本身就是你人生中一大幸事。要知道,朋友的影响作用是巨大的。

小杨这段日子烦心事真是不少,一个无意的疏忽让她丢了工作,和丈夫结婚不到两年,由于种种原因两个人的感情也危在旦夕,到了崩溃的边缘。想起眼前的一摊子事,她就头大,不知道如何面对。

这天,她闲来无事,出来透透气,散散心,顺便在离家不远的夜市逛逛。天还没有完全黑下来,路灯都已经迫不及待地亮了起来。周围是熙攘的人群,嘈杂的声音,每个人都在为生活忙碌奔波着,看到这些,小杨刹那间有种时光逆转的错觉,好像是回到了多年前的大学生活,因为那个时候,她和宿舍的姐妹也很喜欢到学校附近的夜市晃悠。

沉思中的小杨,在临近街道的拐角处,突然被一排摆放整齐颜色各异的包吸引了。她禁不住朝前走去,正想开口问摆摊的老板包的价钱,只听到对方竟然准确地喊出了自己的名字,她觉得很意外,仔细打量了这位卖包人之后,才认出是自己很多年前的小学同学裴月,那时候小杨在姥姥家上学,和裴月是一个地方的,只是裴月的脸上不知何时多了很多伤疤,才让小杨好一阵子没有认出来。

后来小杨知道,在裴月读高中的时候,家里发生了一场大火,房屋几乎全烧了。当时爸妈在外打工,家里只有裴月和奶奶,邻居把裴月从火中救出来之后,才想起来她的奶奶还在另一间房子里,她为了救出年迈的奶奶,顾不上邻居的好心阻拦,一个人又冲进去,奶奶的生命无恙,但是从那以后,裴月的脸上就多了很多伤疤。

小杨看到裴月就那样站在暮秋的凉风中热情地回答着每一个上前询问的顾客,还有一个三岁大的儿子在她旁边看着热闹的人群开心地笑着。加班归来的丈夫在夜市即将散去的时候来接母子俩回家,那幸福温馨的一幕就那样定格在了小杨的脑海中。

小杨对那个时候的裴月印象并不是多深刻,但是眼前的这个裴月,这个经历了生活诸多磨难和艰辛的裴月却给了她极大的震撼和鼓舞。经过那次夜市偶遇之后,两个人成了无话不谈的好朋友。

对于一个女孩子来讲，天生丽质的容貌是每一个人都希望拥有的，可是裴月既没有显赫的家世，也没有动人的长相，原本还算得上标致的脸庞却因为一次灾难成了永久的噩梦。这在别人看来，的确是一场噩梦，一场永远也醒不过来的噩梦，但是裴月却从来没有向困难和嘲笑低过头。她用自己的努力和汗水赚取了今天的一切，虽说不上富有，但过得很满足。

在和裴月交往以来，小杨明显地感觉到自己也像变了一个人似的，不再像之前那样自怨自艾，遇到问题不再逃避，而是勇敢地去面对。裴月的精神、裴月的状态时刻感染着小杨。

感冒会传染，快乐和幸福同样会传染。《英国医学期刊》中有这样一则研究报告，说是快乐可以传染，与快乐的人接触可以提高我们个人的幸福感。

我们的情绪无时无刻不在受着我们周围朋友和人群的影响，幸福快乐的朋友可以让我们变得快乐幸福，压抑忧郁的人也会让我们的情绪跟着低落起来。

正面情绪往往有着高度的传染性。多认识多结交一些幸福快乐的人，这些人愿意我们与他们一同分享幸福的经历，我们也常常会因此意外地收获好运气，幸福的人会改善自己的行为，对周围的人更加友好。

和幸福快乐的女人成为朋友，我们自身也会变得更加幸福快乐。不可否认，我们都希望自己多认识一些幸福快乐对生活充满激情的人，那么在和她们成为朋友之前，让自己也做一个幸福快乐的人吧。

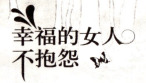
慢下来，别与幸福擦肩而过

　　这是一个讲究速度的时代，我们周围的世界无时无刻不在发生着剧烈的变化，或许也就是在你一眨眼的工夫，眼前就出现了翻天覆地的改变。每个人力求争分夺秒地为生活为自己想要的东西奔忙着。

　　我们习惯了"快"所带来的乐趣，我们在享受快带给我们的收获的同时，心灵深处的那份安宁也在渐行渐远，一旦离开了这种状态，骤然间就会觉得无所适从。因为长久以来的飞速运转已经让我们的脚步无法正常地停下来，无法适应停下来或者慢下来的生活。

　　当我们清晨醒来，要做的第一件事，不是拉开窗帘，呼吸一下室外的新鲜空气，而是朝床头的闹钟摸去，看下它的指针指在了什么位置，然后以最快的速度穿衣、洗脸刷牙，甚至早饭都来不及吃，就匆匆下楼，冲向能够让我们的生活得以继续下去或者更好生活下去的工作场所。

　　每天每天，我们就这样重复着如此这般的匆忙，每个人就像一只高速旋转的陀螺，或者是一台一心向前冲刺的机器。

　　其实，让你的脚步慢下来，适当地放松一下你的神经，你会发现很多原本被忽略的幸福和快乐的细节。

　　2009年4月20日，在英国伦敦，一位名叫特萨瓦特的人组织了一场为期十天的"放慢脚步·伦敦"慢节奏生活的活动。在这次活动中，人们可以在滑铁卢大桥上漫步、参加冥想课程，学习如何更科学地利用时间，总之，让人们找到放松身心的办法。

　　作为这次活动的组织者，特萨瓦特这样说道："节奏紧张的伦敦人，每天忙得像兔子一样蹦来蹦去。稍微走慢点就会引得别人不耐烦,进地铁的时候要是票掏慢了点,后面的人恨不得把你给扔过去,人们生活得太紧张了。""我们并不反对人们有时加快脚步,但压力太大、节奏太快实在无益于都市人的身体健康。"

是啊,想一下我们自身,身处这样快节奏的社会之中,在长期的紧张和压力的奴役下,似乎已经淡忘了将脚步慢下来是什么样的姿态和感受了。其实只要放慢生活的步伐,给自己一些时间去享受一下当前的生活,给自己一些空间去思考一下生命的真谛。在追求富足的物质生活的同时不要忘记了享受精神生活带来的欢愉。

吴娜是一个要强的女孩子,从小到大做任何事情都没有让家里人为她操心过。经过多年的打拼,她有了一家属于自己的公司,不再像以往那样给人打工,整天为生活辛苦着。原本以为这下有时间可以弥补之前的欠缺,可以有更多的时间和精力以及财力去完成很多之前的梦想了,可是当了老板的她,反倒比以前更忙了。虽然业绩不错,但是由于公司刚起步不久,大事小事都要慎重决断,里里外外的应酬让她忙得不可开交。

在一次上班途中,为了赶一场比较重要的会议,在匆忙之中不幸和一个醉酒驾车的人撞了个正着,虽然车身撞得不轻,生命并无大碍,只是右腿小腿有轻度的骨折现象,从医院出来之后,听从医生的建议,打算在家休养几天。母亲听闻此事,从老家火速赶来了。

在即将痊愈的冬日早晨,她安静地坐在阳台上晒太阳,看着母亲迈着颤巍巍的脚步,从厨房到客厅不停地忙碌着,花白的头发在冬阳的折射下将母亲映托得更显苍老。刹那间,她鼻子一酸,惭愧之余,温暖的幸福也溢满了整个身心。她突然意识到很多年没有好好陪母亲吃过一次饭,逛过一次街了。每次回去也是匆匆地来又匆匆地回去。是这次并无大恙的意外让她的脚步慢了下来,也让她看到了很多平时被忽略的幸福。她当即决定离开公司一段时间,将公司的事务交给一个信得过的助手全权处理。而自己则执意要和母亲在一起多呆一些日子。

诚然,人们对灾祸都是避之唯恐不及,然而从不幸中发现点滴中的幸福,则是人生之一大幸事,吴娜正是这样。问一下我们自己,我们有多少天没有给家人朋友团聚了,我们有多少次因为种种原因匆匆向前,而忽略了身边的幸福。

　　为了避免因空虚导致的无聊，我们习惯把每天的生活安排的满满当当，日复一日，年复一年，我们就这样在形色匆匆中走过了十几年、几十年。我们甚至变得越来越忙，越来越没有时间，脚步也不由自主地越来越快。当夜深人静之时，问一下自己，你得到了别人不曾拥有的成功和荣耀，可是你过得幸福吗？你领略幸福的真谛了吗？

　　在这个物欲横流的社会中，人们为名利奔走，被贪婪和欲望迷惑，过快的脚步，让不少人因为怀才不遇而怨天尤人，还有一些人，光鲜成功的背后，整天被繁琐杂事缠身，无法享受片刻的安宁。

　　很多女人和男人一样在职场上辛苦打拼，承受着这样那样的压力，必须快些，再快些，才能出色地完成任务。然而太快的脚步容易让人觉得疲惫不堪，甚至感受不到生活的美好，聪明的女人懂得放慢生活的节奏，从而成为一个幸福的人。

　　其实，这个世界原本很美好，她的美丽是需要我们用眼睛去看，用心去体会的。我们的旅途很短暂但也很漫长，其间的辛苦和劳累自不待言，但是别光为了赶路而忘记欣赏沿途的美丽风景。走得太快，会让生活失去快乐。走得太快，会让我们错失掉很多欣赏美景和享受幸福的机会。学着放慢脚步，就能抓住正从你身边转瞬即逝的幸福。